0~6岁宝宝营养食谱全书

主编◎邱文辉　李宁

U0214672

海峡出版发行集团
THE STRAITS PUBLISHING & DISTRIBUTING GROUP
福建科学技术出版社
FUJIAN SCIENCE & TECHNOLOGY PUBLISHING HOUSE

图书在版编目 (CIP) 数据

0~6 岁宝宝营养食谱全书 / 邱文辉，李宁主编 . —福州：福建科学技术出版社，2018.9（2021.11 重印）
ISBN 978-7-5335-5664-8

Ⅰ . ① 0… Ⅱ . ①邱… ②李… Ⅲ . ①婴幼儿 – 保健 – 食谱 Ⅳ . ① TS972.162

中国版本图书馆 CIP 数据核字（2018）第 191786 号

书　　名	0~6岁宝宝营养食谱全书
主　　编	邱文辉　李宁
出版发行	福建科学技术出版社
社　　址	福州市东水路76号（邮编350001）
网　　址	www.fjstp.com
经　　销	福建新华发行（集团）有限责任公司
印　　刷	福州德安彩色印刷有限公司
开　　本	889毫米×1194毫米　1/16
印　　张	23
图　　文	368码
版　　次	2018年9月第1版
印　　次	2021年11月第3次印刷
书　　号	ISBN 978-7-5335-5664-8
定　　价	49.80元

书中如有印装质量问题，可直接向本社调换

每个宝宝都是爸爸妈妈的小天使、心头肉，对爸爸妈妈来说，从宝宝来到这个世界的第一天开始，他们的心就时刻与宝宝联系在了一起——宝宝的第一声啼哭，宝宝的第一个微笑，宝宝第一次开口叫"妈妈"……都带给爸爸妈妈无尽的喜悦和感动。

宝宝是爸爸妈妈心中最亮的星星、最珍贵的宝物，不论怎样爱护宝宝，爸爸妈妈都会觉得还不够，他们总想把世界上最好的都给自己的宝宝。而当父母的都知道，要想宝宝健康成长，保证其饮食的营养全面、均衡十分重要，不过如何让宝宝吃得健康、吃得营养，很多爸爸妈妈，尤其是新手爸妈都不是很了解，为了解决这个问题，我们特意编撰了《0～6岁宝宝营养食谱

大全》一书，希望能给爸爸妈妈提供一些帮助。

本书针对0～6岁宝宝在不同时期体格和智力的发育特点，精选了数百道营养健康的美食制作食谱，并为爸爸妈妈提供了科学的饮食建议和喂养指导，这样一来，爸爸妈妈就能科学、有效地为宝宝制作健康美食了。此外，本书还设置了一些更有针对性的篇章，如宝宝成长最重要的营养素及相关食谱、最适合宝宝食用的明星食材及相关食谱、宝宝常见病的调理食谱等，这些内容都能帮助爸爸妈妈更加科学地喂养宝宝。

本书图文并茂，内容科学实用，相信在本书的指导下，爸爸妈妈一定能轻松地为宝宝制作出美味又营养的美食，让宝宝健康茁壮成长！

目录

特别篇

超实用宝宝餐
一扫就会的创意食谱

第一章
辅食：0~1岁"奶娃娃"的营养加油站

12个月：宝宝开始一日三餐

第二章
营养餐：1~3岁"小淘气"的成长助推器

1~3岁宝宝的智能、身体发育特点

宝宝日常进食注意事项

健康菜肴

第三章
成长餐：3~6岁"小大人"的健康正能量

感官发育　156
心理发育　156
动作发育　157

这一时期宝宝的喂养
重点　157

第四章
必需营养素，让宝宝长得棒棒哒

第五章
明星食材，宝宝爱吃又营养

第六章
呵护小宝宝，宝宝常见病调养食谱

特别篇

超实用宝宝餐

一扫就会的
创意食谱

扫一扫，看视频

❀宝宝肉松❀

材料：猪腿肉 500 克，小葱 3 根，生姜 1 小块。

调料：老抽 10 克，盐 5 克。

做法：

① 去除猪腿肉中的筋膜和残留肥肉，顺丝切成长条块，肉块焯水 3 分钟。

② 把肉放入电高压锅，加姜片、葱结、盐、老抽，再加 1 升水，炖煮 1 小时。或者放入普通高压锅大火压 40 分钟，肉煮得越烂越好，以达到轻轻捏一下就散的效果为准。

③ 肉块撕成小条，然后双手使劲搓揉，再撕成细绒。"搓揉"是肉松蓬松的关键。

④ 接下来是炒干肉松。中火热锅，倒入肉松，需要不停翻炒，避免炒焦。对于温度的控制，可以用手抓肉松进行翻炒，只要不烫手，这个温度就是合适的。

⑤ 翻炒大约 20 分钟，手上就能明显感觉到肉松已经没有水分，一款原味肉松就做成功了。如果是给辅食阶段的宝宝吃，可以用料理机打成更细的绒。

营养早知道

不使用任何添加剂，香酥入口即化，非常适合作为辅食，或拌稀饭，或作为孩子们的小零食。

扫一扫，看视频

❀宝宝味精❀

材料：虾米 250 克，蘑菇 70 克。

调料：生姜适量（姜粉更佳）。

做法：

❶ 蘑菇切成均匀薄片，中小火炒以烘干蘑菇。这个过程比较麻烦，需要耐心。为省心，建议采用干香菇。

❷ 虾米稍微泡洗沥干，一是更加卫生，二是为了去掉盐分。用中火烘炒虾米，加适量姜片去腥，跟蘑菇片一起烘炒。

❸ 烘炒至虾米酥脆，以用手轻轻捏就能成粉的效果为准。

❹ 用捣臼将虾米研磨成粉，或者用搅拌机更快。过筛，筛出细腻虾粉，装罐放冰箱冷藏保存。

营养早知道

平时做宝宝餐，如煮面、煮汤、炒菜、熬粥等都可以加点虾粉，调味提鲜又补钙，堪称厨房一宝。

扫一扫，看视频

❀ 蛋黄酥 ❀

材料:

水油皮部分: 低筋面粉 10 克,中筋面粉 32 克,细砂糖 6 克,全脂奶粉 4 克,无盐黄油 17 克,水 23 克。

油酥部分: 低筋面粉 60 克,猪油 30 克。

内馅部分: 油豆沙 240 克,咸鸭蛋 8 个,高度白酒 40 克。

装饰部分: 鸡蛋黄 2 个,白芝麻适量。

做法:

① 咸蛋黄刷一层白酒去腥,烤箱 165℃预热,烤 15 分钟后放凉。

② 把所有水油皮混合搅拌,反复搓揉 15~20 分钟形成水油皮。把低筋面粉和猪油揉成酥油团备用。

③ 将水油皮面团搓成长条,压扁成圆形,酥油面团揉圆包入水油皮当中;再把红豆沙分成 8 份揉圆压扁,塞一颗咸蛋黄揉成圆球,最后包在面皮里面。

④ 蛋黄液刷在蛋黄酥表面,沾少许芝麻,然后放入 165℃烤箱内,烤 25~30 分钟即可。

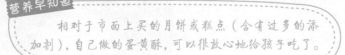

营养早知道

相对于市面上买的月饼或糕点(含有过多的添加剂),自己做的蛋黄酥,可以很放心地给孩子吃了。

扫一扫，看视频

❀ 雪花糕 ❀

材料： 玉米淀粉 60 克，牛奶 250 克，淡奶油 50 克，生椰汁 250 克，椰蓉适量。

调料： 细砂糖适量。

做法：

① 玉米淀粉加淡奶油、适量生椰汁，搅拌成淀粉浆（若要入口即化的效果，可减少 1/3 的淀粉）。

② 将牛奶和剩余的生椰汁倒入锅中，加糖，中火加热，不断搅拌至煮沸。

③ 将淀粉浆倒入煮沸的牛奶锅中，不断搅拌防止粘锅，续煮数分钟后熄火，熄火后继续搅拌成糊状。趁热把奶糊倒入碗中，盖好并放入冰箱冷藏 3 小时以上。

④ 准备一块干净的砧板，将碗倒扣，切成方块，沾上椰蓉即可。

营养早知道

　　椰汁、椰蓉含有的营养成分较多，包括糖类、蛋白质、B 族维生素、维生素 C，以及钙、磷、铁等矿物质，加上牛奶，可以成为一道既营养又美味的点心。

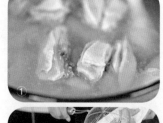

扫一扫，看视频

❀红菇鸡汤❀

材料： 小母鸡 1 只，红菇 100 克。

调料： 盐少许，生姜 2 片。

做法：

① 小母鸡洗净后，切成方块，然后将鸡块焯水 2 分钟，撇去血沫，捞起备用。

② 汤锅中加入 2 升水，加鸡块、姜片，大火煮 10 分钟后改中小火炖 30 分钟。

③ 红菇剪去菇脚，将红菇冲洗干净，用水浸泡 10 分钟后加到鸡汤里。浸泡红菇的水，也可以倒入汤锅中一起煮。

④ 加盐，大火煮 10 分钟即可出锅，无需加其他调料，味道就非常鲜美。

营养早知道

　　红菇含有多种人体必需的氨基酸，可以预防消化不良和儿童佝偻症，提高机体免疫功能，有利于改善产妇奶汁缺乏、贫血等。在南方，红菇是很多地方月子餐的必备食材，但它无法种植，均为野生。

扫一扫，看视频

❀ 滑鱼片 ❀

食材： 石斑鱼 1 条，油菜 150 克，生姜、小葱、红椒少许。

调料： 蒸鱼豉油 30 克，地瓜粉 50 克，食用油 50 克。

做法：

① 鱼放平，从尾部沿着脊骨片出整块鱼肉，斜刀片出肉片，肉片厚度以 3 毫米左右为宜，并加地瓜粉稍微抓匀。

② 红椒去籽，生姜去皮，洗净切细丝，小葱的葱白和葱绿都撕成细丝备用，油菜焯水 1 分钟捞起装盘备用。

③ 鱼片放沸水锅涮 30 秒，用漏勺小心捞出，保持肉片整片形状，然后铺在青菜上面，淋上蒸鱼豉油，洒上葱姜丝和红椒丝。

④ 起一勺热油，浇在细丝上，爆出香味，最后撒上少许葱绿配色。

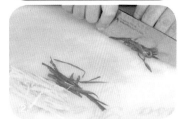

营养早知道

　　鱼片口感嫩滑又不容易散，搭配绿色蔬菜，既补充了优质的蛋白质，又提供丰富的维生素。

扫一扫，看视频

❀鸡翅包饭❀

材料： 鸡全翅 3 只，米饭 1 小碗，香菇 4 个，什锦粒适量。

调料： 生抽 5 克，蜂蜜 10 克，生姜 1 块，料酒少许，盐少许。

做法：

① 先拆鸡全翅的骨头，从翅根关节处开始剔肉，然后用手拧掉骨头，全程一定要防止鸡翅破皮。拆去骨头的翅膀用盐、生抽、料酒、姜片腌制 20 分钟。

② 泡发的香菇切末，放入油锅，和什锦粒一起翻炒，加米饭、生抽，做成一碗炒饭。

③ 打开鸡翅的口子，用小勺子把米饭塞进去，塞到八分满即可。

④ 烤箱 220 ℃预热 5 分钟，然后把翅膀放进去上下火烤 10 分钟，等到鸡翅表面略干，再刷一层蜂蜜，改为 200 ℃再烤 15~20 分钟，等到鸡翅油水烤掉、表面金黄微焦就可以了。

营养早知道

　　烤掉过多油水的鸡翅，加上什锦炒饭，好吃管饱，既满足孩子的食欲，又补充了热量。

扫一扫，看视频

✿ 金鱼水饺 ✿

材料： 饺子皮 10 张，猪肉 150 克，胡萝卜 1 根，豌豆 10 颗。

调料： 盐、紫菜少许。

做法：

① 选用七分瘦三分肥的肉，剁碎，加一小截胡萝卜和少许盐剁成肉泥，另外，胡萝卜切出几个小丁，修成小圆球作为金鱼眼睛。

② 饺子皮擀薄成梨形，因为做金鱼造型，面皮的鱼头部位小一点，鱼尾部位大一点。

③ 挖一小勺肉泥，放在饺子皮 1/3 处，两边捏起，形成金鱼的细腰，尾部用刀切出鱼尾形状，再用牙签压出纹路，最后把胡萝卜和豌豆塞进眼睛，一只可爱的金鱼就做成了。

④ 金鱼水饺放蒸锅蒸 10 分钟，或者放在高汤里煮 5 分钟即可食用。如果有排骨汤，把金鱼水饺煮熟，加少许紫菜作为水草，还能做出一碗鱼在水中游的造型。

营养早知道

这道创意水饺，看上去像鱼缸里的金鱼，不仅造型很吸引小孩，而且营养也足够丰富，是一道非常讨巧的宝宝餐。

扫一扫，看视频

❀ 快手榴莲酥 ❀

材料： 蛋挞皮 5 个，榴莲肉 150 克，鸡蛋黄 1 个。

调料： 白砂糖 10 克（依据个人口味）。

做法：

❶ 榴莲肉去核，打成肉泥。

❷ 蛋挞皮室温放软后取出，将榴莲肉泥包入蛋挞皮，捏合，并用餐叉压出花纹。

❸ 蛋挞皮表面刷一层蛋黄液。

❹ 放入烤箱，上下火 200℃烤 15 分钟即可。

营养早知道

　　这道榴莲酥谈不上特别的营养，优势在于制作方法简单便捷，味道好，作为孩子的甜品，是一个不错的选择。

扫一扫，看视频

❀ 嫩鸡堡 ❀

材料： 餐包 2 个，鸡胸肉 1 块，生菜适量，西红柿 1 个，芝士 2 片。

调料： 生姜、生抽、胡椒粉、淀粉、盐各少许，食用油适量。

做法：

① 鸡胸肉斜刀切 1 厘米厚片。

② 鸡肉片加姜片、盐、生抽、淀粉、胡椒粉腌制 10 分钟入味。

③ 腌好的鸡肉放烤箱烤熟，或双面煎熟。

④ 餐包对半切开，西红柿切片，餐包上依次铺上生菜、西红柿、鸡肉、芝士。喜欢芝士融化的，可以放入微波炉转 30 秒。

营养早知道

自己做汉堡，对喜欢吃洋快餐的小朋友来说，再也不用担心热量过高了。

扫一扫，看视频

❀牛肉兜汤❀

材料： 牛肉 200 克，地瓜粉 30 克。

调料： 生抽 10 克，盐 2 克，生姜 3 片。

做法：

① 选用牛腿肉或里脊肉，不可使用筋膜多的部位，横丝切成小指头大小的滚刀块，加地瓜粉和盐拌匀，使劲搓揉 5-10 分钟。

② 然后加生抽，继续搓揉 3~5 分钟，让地瓜粉和调料彻底进入牛肉纤维里，使得牛肉入味并均匀上色。

③ 准备一汤锅沸水，加入姜片，牛肉要抻开，一片一片地入锅，大火煮 15 分钟。

④ 然后改小火煨煮 30 分钟，煮至汤汁浓稠丝滑，肉香浓郁，就可以了。

 营养早知道

牛肉富含优质蛋白质、铁、氨基酸，汤品醇香温润，牛肉软烂滑溜、口感细腻而不油腻，是一道宝宝们百吃不厌的牛肉食谱。

扫一扫，看视频

❀ 糯米糍 ❀

材料：糯米粉 150 克，牛奶 100 克，紫薯 1 个，芒果 1 个，榴莲肉适量。

调料：白糖 40 克，椰蓉 50 克，黄油 15 克，椰浆 100 克，玉米淀粉 40 克。

做法：

① 拌米糊：先把糯米粉、玉米淀粉、牛奶、椰浆拌匀，再加黄油、糖搅拌，直到形成均匀细腻的米糊，然后把米糊放入蒸锅大火蒸 10~15 分钟。

② 蒸米糍：蒸好的米糊趁热出锅搓揉，揉好后装到碗里放凉，用保鲜膜封起来，放凉到常温，大概半小时。用保鲜膜的好处是防止水分蒸发流失，确保米糍湿润弹牙。此外，放到冰箱冷藏效果更佳，米糍凉冰冰的口感更好。

③ 做馅料：紫薯蒸熟，压成薯泥；挖出芒果肉，切成方块；榴莲肉去核，切成完整的块状果肉。

④ 包米糍：把米糍捏成四周薄中间厚的皮，取一块果肉或一团薯泥，包成圆球，最后沾上椰蓉就可以了。

营养早知道

这道食谱含有丰富的蛋白质、脂肪、糖类、钙、铁、磷及维生素等，但是糯米粉不利于消化，小孩吃要控制量，不可多食。

扫一扫，看视频

❀ 秋葵手指条 ❀

材料： 鸡胸肉 150 克，秋葵 2 根，洋葱、香菇、胡萝卜少许。

调料： 地瓜粉 5 克，盐少许。

做法：

① 鸡胸肉剁成肉泥，洋葱、胡萝卜、香菇切小丁，加地瓜粉和盐拌匀。

② 秋葵洗净，去柄，对半切开，去籽，将鸡肉泥放入秋葵内。

③ 放入油锅小火煎 2 分钟，待表面微焦，加适量水，小火焖煮 2~3 分钟即可。

营养早知道

秋葵是一种非常好的蔬菜，不仅可以助消化、保护肠胃，还可以保护肝脏，加上肉质细腻、营养丰富的鸡肉，这是一道宝宝不可错过的小食。

扫一扫，看视频

❀ 秋梨膏 ❀

材料: 梨 7 颗，罗汉果 1 颗，红枣 5 颗，百合 15 克，麦冬 15 克，川贝 10 克，甘草 15 克，冰糖 50 克。

做法:

① 把梨洗净削皮，梨皮备用。果肉切成小块，用搅拌机打成果浆，备用。罗汉果掰碎，川贝碾碎，红枣去核切成小块。

② 梨浆倒入汤锅，依次放入梨皮、罗汉果、红枣、百合、麦冬、川贝、冰糖、甘草，搅匀，先用大火煮 20 分钟，然后改中火煮 15 分钟，直至锅里水分已烧干一半，变成深色黏稠的糊状，散发出浓郁的甜香味。

③ 过滤汤汁，用滤网或纱布，尽可能滤掉颗粒细渣，确保最后的汤汁细腻清润。

④ 滤出的汤汁再用大火熬煮，烧干多余水分，注意熬的过程要用勺子不断搅拌，防止锅底烧糊。当汤汁熬成黏稠糊状的时候，就可以关火了。等梨膏晾到温热，倒入蜂蜜拌匀即可。梨膏装入玻璃瓶，密封盖好，放冰箱保存。

自制秋梨膏，孩子们吃得放心，大人们也适合饮用，日常取一小勺，温水冲饮，有润肺止咳、生津利咽的功效，特别适合肺热久咳人群。

扫一扫，看视频

❀软心红枣❀

材料： 糯米粉 60 克，红枣 6 颗，冰糖 50 克。

做法：

① 红枣外皮洗净，切开半边，去核，加清水浸泡 3 分钟。糯米粉加适量凉水和成粉团，捏成半根手指大小的细条状，具体大小依红枣而定。

② 粉团塞进红枣，稍微捏紧，确保不容易脱落。

③ 煮一小锅沸水，加冰糖融化成糖水。

④ 把红枣放入糖水中煮 3 分钟即可。捞出后，如果有桂花糖浇一点，风味更佳。

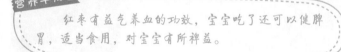

营养早知道

红枣有益气养血的功效，宝宝吃了还可以健脾胃，适当食用，对宝宝有所裨益。

扫一扫，看视频

❀ 三 文 鱼 炒 饭 ❀

材料：米饭 1 碗，三文鱼 100 克，芦笋 2 根，豌豆少许，西蓝花 1 小朵。

调料：盐、生抽少许。

做法：

① 三文鱼切丁；芦笋洗净，切去笋尖，去皮，切丁备用。

② 热锅加少许油，加三文鱼翻炒几下，然后加豌豆、芦笋丁、米饭、生抽和盐翻炒，做好一碗炒饭。

③ 芦笋尖和西蓝花入沸水焯 1 分钟，捞出跟炒饭一起装盘即可。

营养早知道

　　三文鱼除了具备一般鱼类的营养外，还富含二十二碳六烯酸（DHA），对孩子的大脑发育有所裨益，与蔬菜一起炒饭，可完美解决孩子既丰富又营养的一餐。

扫一扫，看视频

❀ 三文鱼水果塔 ❀

材料： 三文鱼 150 克，牛油果 1 个，大芒果 1 个。

调料： 黄油 20 克，盐少许。

做法：

❶ 牛油果去核，切成 0.5 厘米左右的圆弧片；芒果去皮、核，切成 1 厘米厚度的方块。

❷ 牛油果和芒果的边角料切成小丁，小丁加少许盐拌匀，有提鲜的作用。

❸ 三文鱼切成长条块，煎锅里放入黄油，三文鱼用中小火双面煎熟。

❹ 将芒果、牛油果拼成圆形，中空部分用果肉丁填满，再叠上一层三文鱼和果肉丁即可。

营养早知道

　　三文鱼、牛油果都是营养丰富的食材，搭配香甜的芒果，既补充了营养，又提高了宝宝的食欲。

扫一扫，看视频

❀ 手 工 鱼 丸 ❀

材料： 草鱼 1 条（约 1500 克），鸡蛋 1 个，木薯粉 60 克。

调料： 生姜 1 块，盐 3 克，小葱少许，白胡椒粉 5 克。

做法：

① 片出整块鱼肉，去除鱼皮，拔掉鱼刺。在鱼肉和鱼皮之间有一条暗红色的部分，是鱼的肌肉，鱼腥味主要来自这个部分，所以需要切除。

② 用料理机将鱼肉打成肉泥，然后加入适量木薯粉、鸡蛋，往同一个方向搅拌，直到肉泥上劲，最后擦入一些姜泥（或姜汁）去腥。

③ 手握鱼泥，从虎口挤出鱼丸，放入温水中，然后放入沸水锅中，鱼丸就会浮起来，中火煮 3 分钟就可以了。

④ 鱼丸简单加一些紫菜、小葱、盐、白胡椒粉，就能做出一碗鲜美弹牙的鱼丸了。

营养早知道

鱼肉富含优质的蛋白质，是宝宝辅食中不可缺少的营养来源，孩子吃腻了清蒸鱼肉，吃一吃鱼丸也是不错的选择。

扫一扫，看视频

✿椰子炖蛋✿

材料： 椰子 1 个，鸡蛋 2 个，牛奶 150 毫升。

配料： 白糖 10 克。

做法：

① 椰子顶部敲开一个洞，倒出椰汁备用。

② 在椰子上方 1/3 处锯开，形成一个椰碗和碗盖，洗净备用。这个过程稍微复杂些，却是这道食谱的关键。

③ 将蛋液打匀至略微起泡，椰汁和牛奶各倒入 150 毫升打匀，用细网过滤到椰碗中。

④ 盖好椰盖，放入蒸锅，中小火蒸 40 分钟，可以将椰香渗入蛋液中，炖出椰香浓郁的炖蛋。在蛋液中加 10 克糖，口味更佳。

营养早知道

鸡蛋、牛奶、天然椰汁，奢华顶配版炖蛋，营养和趣味不言而喻。

扫一扫，看视频

❀ 银鱼苋菜面 ❀

材料： 银鱼 100 克，苋菜 50 克，线面 50 克。

调料： 生姜、大蒜、盐少许。

做法：

① 银鱼洗净，生姜、大蒜切若干薄片，苋菜洗净切段。

② 热锅加油，姜片、蒜片煸出香味，加小银鱼翻炒片刻，再加苋菜，加少许盐炒匀。

③ 放入汤锅，加 1 碗水，煮 1 分钟出锅。

④ 准备一锅沸水，加线面煮 2 分钟，捞起加到银鱼苋菜汤里就可以了。

营养早知道

小银鱼富含优质蛋白和不饱和脂肪酸，也是补钙良品，搭配新鲜苋菜煮一碗线面，鲜美可口又营养丰富。

扫一扫，看视频

❀ 原味椰子鸡 ❀

材料： 鸡腿肉 1 整块，椰子 1 个，红枣 1 颗，枸杞适量。

调料： 生姜、盐少许。

做法：

① 椰子顶部敲开一个洞，倒出椰汁备用；在椰子上方 1/3 处锯开，形成一个椰碗和碗盖，洗净备用。

② 鸡肉沸水中焯过一遍，放入椰子中，加一块姜片、红枣和枸杞。

③ 放入蒸锅，加椰汁，盖上椰盖。

④ 大火煮开后转中小火蒸 100 分钟，就能把椰香充分蒸透入味，最后加少许盐调味。

营养早知道

　　鸡肉富含蛋白质和维生素，且消化率高，很容易被人体吸收。这道食谱中鸡肉的吃法，老幼皆宜，宝宝也会对这个椰子产生浓厚的兴趣。

扫一扫，看视频

❀ 芝士焗红薯 ❀

材料：红薯 2 个，马苏里拉芝士 100 克，牛奶 60 毫升，蛋黄 1 个。

调料：白糖 15 克，黄油 10 克。

做法：

① 红薯对半切开，蒸八九分熟，挖出内馅，形成薯托。

② 将挖出来的红薯压成薯泥，加入黄油、白糖、牛奶搅拌均匀。

③ 薯泥装入薯托，然后铺一层芝士，最后刷一层蛋黄液。

④ 烤箱 180℃预热 5 分钟，上下火烤 10 分钟，再刷一层蛋黄液，继续烤 10 分钟至表面金黄。

营养早知道

　　红薯中赖氨酸和精氨酸含量都较高，对宝宝的发育有促进作用。它还有大量可溶性膳食纤维，有助于促进宝宝肠道益生菌的繁殖，提高机体的免疫力。

扫一扫，看视频

❀ 芝士焗大虾 ❀

材料： 南美白对虾 6 只，土豆 1 个。

调料： 马苏里拉芝士 60 克，牛奶 40 克，黄油 10 克，盐
少许。

做法：

① 土豆去皮蒸熟，加盐、牛奶和黄油，压成土豆泥。

② 对虾剪去虾枪和虾脚，开背去虾线，洗净，用厨房纸
吸干水分。

③ 把土豆泥装到虾背上，撒上芝士。

④ 放入烤箱上下火 200℃烤 12 分钟，表面金黄微焦即可。

营养早知道

　　南美白对虾含有丰富的蛋白质，以及钙、镁、磷、
钾、碘等矿物质，是营养健康的优质食材。

扫一扫，看视频

❀猪肝小饼❀

材料： 猪肝 150 克，淀粉 50 克，老豆腐 100 克，胡萝卜 30 克。

调料： 番茄酱适量，洋葱、生姜少许。

做法：

① 猪肝切成薄片，放入清水中泡洗 5 分钟，可清除大部分残留血水。

② 汤锅中加生姜去腥，放入猪肝汆水。洋葱、胡萝卜切小丁备用。

③ 把猪肝捣成泥，加老豆腐、洋葱丁、胡萝卜丁，再加番茄酱和淀粉拌匀。

④ 热锅加油，猪肝泥压成小饼形状，中小火双面煎熟即可。

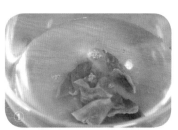

营养早知道

　　猪肝含有丰富的铁和维生素 A、B 族维生素等多种营养素，其中维生素 A 含量极为丰富，对防治宝宝因维生素 A 缺乏所致的夜盲症，具有良好的作用。

❀ 芋仔包 ❀

材料： 木薯粉 150 克，毛芋 400 克，猪肉 150 克，香菇 50 克，笋干 100 克，老豆腐 100 克。

调料： 儿童酱油 20 克，盐少许。

做法：

① 毛芋蒸熟后去皮，捣成芋泥后加到木薯粉里，加温水拌匀，揉成面团。

② 选用带有一些肥肉的猪肉，切成小肉丁，香菇、笋干和老豆腐切丁。先将猪肉煸出猪油，然后加入香菇炒香，接着加笋干和豆腐，加盐和儿童酱油炒成馅料。

③ 抓取一个大汤圆大小的面团，捏扁形成面皮，装入肉馅，捏合揉成圆球。如果圆球不够光滑有裂缝，可在手中适量抹一点食用油，揉至表面完整光滑。

④ 放入蒸锅，用大小火分别蒸 5 分钟即可。

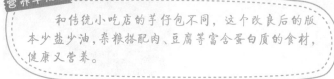

营养早知道

　　和传统小吃店的芋仔包不同，这个改良后的版本少盐少油，杂粮搭配肉、豆腐等富含蛋白质的食材，健康又营养。

扫一扫，看视频

❀ 葱香手撕鸡 ❀

材料：农家土鸡 1 只，小葱 150 克，生姜 50 克。

调料：盐 3 克。

做法：

① 土鸡洗净，生姜切片、小葱打结，加一锅清水，放入土鸡、姜片和葱结，大火煮 5 分钟后，改中火再煮 10 分钟，最后焖 20 分钟，鸡肉就软烂了，这有助于后面手撕鸡肉。

② 切碎小葱和生姜，用料理机打成蓉（或者手工用捣臼捣成蓉），加到热油锅中炒香，加 2 克盐、1 勺鸡汤，煮 1 分钟，可以去除葱姜的辛辣味道。

③ 趁鸡肉温热，用手撕出所有鸡肉，为方便小朋友食用，鸡肉可以撕小一点，具体根据小孩的喜好而定。

④ 鸡肉撕好后，淋上酱料，一盘绿油油、嫩滑爽口的葱香手撕鸡就做好了。

营养早知道

鸡肉不易过敏，脂肪含量少，蛋白质比较优质，且比猪肉、牛肉更加软嫩。小朋友吃，土鸡选用小母鸡更合适。

扫一扫，看视频

❀ 海鲜绿蛋卷 ❀

材料： 龙利鱼 1 条，鲜虾仁 120 克，菠菜 50 克，鸡蛋 2 个，面粉 100 克，淀粉 50 克，柠檬 1 个，玉米粒 30 克。

调料： 小葱、洋葱、胡萝卜、盐少许。

做法：

❶ 用菜刀片出整块鱼肉，刮出鱼蓉（或直接剁成肉泥）；小葱、洋葱、胡萝卜切末，跟鱼蓉一起放入碗里，再加蛋清、少许盐，拌匀备用。虾仁也剁成肉泥，加入玉米粒和少许盐，半个柠檬挤汁，拌匀备用。

❷ 菠菜入沸水焯 20 秒，放入搅拌机，加少量水打成菜汁，然后往菜汁里打入两个鸡蛋，倒入面粉和淀粉搅拌成面糊。热锅加油，倒入面糊，只要能覆盖锅面即可，不能太厚，煎蛋卷皮要注意的是整个锅底要受热均匀，小心转动煎锅，等蛋卷皮颜色变浅，即可出锅。

❸ 把蛋卷皮摊开，切除圆弧部分，形成方块，把鱼蓉馅铺在蛋卷上，压实。馅料铺好后，卷起来，放入蒸锅，大火蒸 5 分钟，再改中火蒸 5 分钟即可。

❹ 出锅后，把蛋卷切成 3 厘米左右的段，一盘海鲜绿蛋卷就大功告成了。

营养早知道

这款蛋卷通过简单的蒸制、丰富的搭配，尽量地保存了食材的营养。

❀ 快手三明治 ❀

材料： 芒果 1 个，胡萝卜 1 根，鸡蛋 2 个，白吐司 4 片，小西红柿 2 个，香蕉 1 根。

调料： 食用油适量。

做法：

① 煎蛋备用，胡萝卜切薄片后放开水里捞熟备用。

② 吐司放入三明治模具中，依次摆上煎蛋、胡萝卜片、小西红柿片，盖上一片吐司，压制成型；芒果取肉切片，香蕉切片，同样方式压制成型。

③ 将压制完的成品对半切开，就是三明治了。

④ 压完模具后的吐司可以二次利用，把吐司边切条，沾上蛋液，小火煎到金黄色就可以了，一条条的跟薯条很像，也是小朋友很喜欢吃的小食。

营养早知道

　　不爱吃米饭、鸡蛋和水果的小朋友，用这种办法就可以一次性解决了，关键是可以让小朋友自己动手来做，一定能提升他的食欲。

扫一扫，看视频

❀ 萝卜丝虾丸 ❀

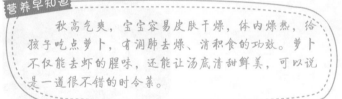

材料：鲜虾 200 克，白萝卜 200 克，淀粉 50 克，鸡蛋 1 个。

配料：生姜 1 小块，盐 2 克，料酒 5 克（可不放），葱少许。

做法：

① 鲜虾去壳去虾线，剁成虾泥，沿着同一方向搅拌上劲，可增加虾泥的韧劲。用料理机打出来的虾泥效果更好，口感上会更弹牙。

② 小葱切末加入虾泥，再加料酒、盐、淀粉，打入 1 个鸡蛋，拌匀虾泥。

③ 准备一锅沸水，用手抓一把虾泥，沿虎口挤出，用勺子挖出虾丸。虾丸在汤锅中煮到变红即可。煮好的虾丸放入冰水（或冷水）中迅速冷却。

④ 热锅加少许食用油、水和姜丝，白萝卜刨丝，煮成汤底，最后加入虾丸，大火煮 3 分钟，加少许盐调味，撒入小葱即可出锅。

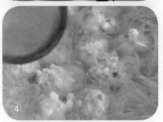

营养早知道

秋高气爽，宝宝容易皮肤干燥，体内燥热，给孩子吃点萝卜，有润肺去燥、消积食的功效。萝卜不仅能去虾的腥味，还能让汤底清甜鲜美，可以说是一道很不错的时令菜。

扫一扫，看视频

❀ 薯片鲜虾沙拉 ❀

材料： 薯片若干，鲜虾 4 只，芒果、黄瓜、牛油果适量。

调料： 酸奶 1 杯，盐少许。

做法：

① 鲜虾去除虾线，白灼后放凉、去壳。

② 牛油果、芒果和黄瓜切成小丁，虾肉切丁，装碗备用。

③ 碗里加入酸奶，充分拌匀，这时候可以加少许盐，有提鲜的作用。一碗鲜虾果蔬沙拉就完成了。

④ 铺好薯片，往薯片上盛好沙拉就搞定了。

营养早知道

　　巧妙地让孩子吃更营养健康的水果、虾、酸奶，薯片就显得不那么"垃圾"了。

　　沙拉酱热量太高，所以用更健康的酸奶替代。酸奶应选择浓稠的，可以避免太多水分。

扫一扫，看视频

❀ 吐司小披萨 ❀

材料： 吐司 2 片，牛肉 50 克，鲜虾 4 只，西蓝花 50 克，菜椒、洋葱、蘑菇、小西红柿少许。

调料： 马苏里拉奶酪 80 克，儿童番茄酱 50 克，地瓜粉、盐少许。

做法：

① 西蓝花撕成小朵，蘑菇切片，入开水中焯 30 秒。小西红柿切片，洋葱、菜椒切丝备用。

② 鲜虾去壳去虾线，洗净虾仁对半切开，牛肉切薄片。虾仁和牛肉都用少许地瓜粉和盐抓匀腌制。

③ 吐司片上均匀抹一层番茄酱，加一层奶酪，再依次铺好备用的蔬菜，加盖牛肉片、虾仁，最后再盖一层奶酪。

④ 烤箱 200℃ 预热 3 分钟，然后将做法 3 完成的披萨放进去烤 8~10 分钟，直到奶酪融化，表面金黄微焦即可。取出烤好的披萨，切除四边烤焦部分就可以了。

营养早知道

合理搭配面包主食、蔬菜、肉，比传统披萨少油腻，既营养又美味。

①

②

③

④

第一章

辅食：
0~1岁"奶娃娃"的
营养加油站

　　刚出生的小宝宝主要以妈妈的母乳为食，等长到6个月大的时候，宝宝就可以吃一些简单又有营养的辅食了。0~1岁，从只喝母乳到以吃辅食为主，宝宝的成长令人欣喜，此时，宝爸宝妈们一定要注意辅食添加的科学性，这样才能确保宝宝健康成长。

合理添加辅食，宝宝才能长得好

何时给宝宝添加辅食最科学

宝宝一天天长大，单纯从母乳（或配方奶粉）中获得的营养成分已经无法完全满足宝宝生长发育的需求，因此必须为宝宝添加辅食，以帮助宝宝摄取均衡充足的营养，满足其生长发育的需求。那么，在什么时候开始给宝宝添加辅食比较好呢？这需要分两种情况来说。

母乳是宝宝最好的营养，因而对于以纯母乳喂养的宝宝，6个月以前除为其补充适量的维

生素 D 之外，一般情况下不需添加任何辅食；而混合喂养或人工喂养的宝宝在 4 个月后，如果有需要，就可以在医生的指导下添加一些必要的辅食了。但需要注意的是，由于每个宝宝的生长发育状况不同，个体差异明显，因此给宝宝添加辅食的时间也不能一概而论。

添加辅食，太早或太晚都不好

太早给宝宝添加辅食容易引起宝宝消化不良。有些妈妈希望宝宝长得更加强壮，便盲目地提前为宝宝添加辅食，结果造成宝宝消化不良甚至厌食。其实，宝宝在 1～3 个月时，消化器官还很娇嫩，消化腺不发达，还不具备消化辅食的功能。过早添加辅食，只会增加宝宝消化器官的负担，容易导致宝宝腹泻等症状。

太晚添加辅食则会影响宝宝生长发育。有的妈妈对辅食添加不够重视，认为自己的奶水充足，担心辅食没有母乳有营养，在宝宝 8～9 个月大时，还仅仅是母乳喂养。殊不知，宝宝一天天长大，对营养、热量的需求也增加了，仅仅吃母乳或奶粉，已经不能满足其生长发育的需要，所以，爸爸妈妈们要及时给宝宝添加辅食。

添加辅食要遵循这些原则

最早宜添加含铁的营养米粉。给宝宝添加辅食一个特别重要的原因在于，宝宝从母体得到的成长发育所需的铁元素到 4 ~ 6 个月时就要消耗殆尽了，所以最先添加的应该是含强化铁元素的食物，而婴儿强化铁营养米粉就是最好的选择，而且购买也比较方便，添加的铁量也是比较标准的。每次给宝宝添加的量要恰当，最开始时只需 1 ~ 2 勺的米粉就可以满足其营养需要。所以，推荐妈妈最先给宝宝添加含铁的营养米粉。

添加数量宜由少至多。刚开始给宝宝添加新的食物时，一天最好只喂一次，且量不要大。如给宝宝添加蛋黄时，可先喂 1/4 个，如果宝宝食后几天内没有不良反应，且两餐间无饥饿感、排便正常、睡眠安稳，则可再适量增加到半个蛋黄，以后再逐渐增至整个蛋黄。

添加速度要循序渐进。对于刚吃辅食的宝宝来说，由于其肠胃功能还未完善，所以添加辅食的速度不宜过快。不要一下子就让宝宝尝试吃各种不同的辅食，更不要立刻用辅食代替配方奶粉。总之，增加辅食应循序渐进，要让宝宝有一个逐渐适应的过程。

食物性状应由稀到稠。宝宝刚吃辅食时，一般都还没有长出牙齿，消化能力还很弱，因此只能喂流质食物，以后可逐渐添加半流质食物，直至喂宝宝吃固体食物，以免宝宝因难以适应辅食而消化不良。妈妈们可根据宝宝消化道及牙齿的发育情况逐渐过渡，从蔬菜汁、果汁、米汤，到米糊、菜泥、果泥等，再过渡到软饭、小块蔬菜、水果及肉类等食物。

添加辅食应从细到粗。给宝宝添加的食物颗粒要细小，口感要嫩滑，这样不仅能锻炼宝宝的吞咽功能，为以后过渡到吃固体食物打基

础，还能让宝宝熟悉各种食物的天然味道，养成不偏食的好习惯。而且，这些食物中多含有膳食纤维，也更容易促进宝宝消化吸收。

添加辅食时还要注意这些事项

婴儿期是人生长发育最快的时期。这时的宝宝身体各个器官尚未成熟，消化功能较弱，如果辅食添加得不合适，会出现胃肠功能紊乱，进而引起消化不良。因此，在添加辅食时，要充分考虑到宝宝的生理特点和身体状况。

宝宝虽能吃辅食，但消化器官毕竟还很柔嫩，不能操之过急，应视其消化情况逐渐添加。如果任意添加，同样会造成宝宝消化不良或肥胖。也不能让宝宝随心所欲，要吃什么给什么，想要多少给多少，这样不但会造成营养失衡，还会养成偏食、挑食等不良饮食习惯。

如果给宝宝吃的辅食过于精细，就不能使宝宝的咀嚼功能得到应有的训练，不利于其牙齿的萌出和萌出后牙齿的排列。另外，食物未经咀嚼就咽下，勾不起宝宝的食欲，也不利于味觉、面颊的发育。长此以往，宝宝只吃粥面，不吃饭菜，不但影响生长发育，还会影响大脑智力。

添加辅食必须要适应不同月龄宝宝的消化能力，而且要根据宝宝的个体差异灵活掌握食物品种及数量，各类食品应适当搭配，辅食宜清淡，少放或不放盐，不放带有刺激性的调味品。添加辅食种类应以面、米、鱼、肉、蛋、水果和蔬菜为主。

给宝宝添加辅食，要遵循科学规律，否则易引起腹泻、呕吐等不良反应。喂辅食要有耐心，要持之以恒。在宝宝不爱吃时不能勉强喂，一次没有添加成功也不能就此停止。要多次尝试，宝宝慢慢就会习惯吃一些辅食。

另外，妈妈一定要注意，宝宝生病时不宜添加辅食。

辅食添加的前期准备

宝宝辅食的制作工具

宝宝辅食的制作工具卫生一定要过关，因此在挑选辅食制作工具时一定要选那些容易清洗、消毒、形状简单而色浅的，下面就介绍一些制作辅食时会用到的工具。

压泥器： 专门将食物压成泥的工具。

削皮刀： 削胡萝卜皮、土豆皮时使用。

刨丝器： 制作丝、泥类辅食的用具，一般用不锈钢擦子即可。每次使用刨丝器后都要洗净晾干，以免食物细碎的残渣残留在细缝里。

榨汁机： 将蔬果打成泥，并可以榨取汁液。

过滤网： 有大孔过滤网和细孔过滤网两种，分别用于过滤不同的食材。

电饭锅： 煮稀饭、炖汤等，可以定时，方便实用。

量杯： 能够比较准确地量取液体，以毫升为测量单位。

磅秤： 能够比较精确地称出食物的重量。

砧板： 处理宝宝食物时需要 3 个砧板，分别处理生食、熟食、水果等，生食要用木质砧板。

保鲜盒： 可以将剩余食物装入保鲜盒冷藏保存，随时取用。

保鲜袋： 可将做好的食物或高汤分袋装好，放入冰箱保存，随取随用。

宝宝辅食的喂养工具

附吸盘餐具： 底部附吸盘的餐具，能牢牢地固定在桌上，避免宝宝把餐具打翻。

分格餐盘： 材质选塑料的，不怕宝宝摔破。可将宝宝餐点依格分装，这样菜品不会混在一起。

杯子： 当宝宝学会自己喝水时，可换用单握把的可爱水杯，既能满足宝宝的好奇心，又能让宝宝养成经常喝水的好习惯。

安全汤匙、叉子： 叉子尖端的圆形设计，能避免宝宝使用时刺伤自己，更能让宝宝享受愉快的用餐时光。

围嘴： 避免食物滴落弄脏衣服的必备工具，建议购买经过防水处理的产品。常见款式有绑带式和松紧带式。

湿纸巾： 在没有水的情况下，可用湿纸巾擦拭宝宝的手和脸。

婴儿餐椅：使用婴儿餐椅，可以帮助宝宝养成良好的进餐习惯。此外，让宝宝使用婴儿餐椅，还可以帮助宝宝锻炼手的抓握能力，并能增强宝宝的手臂力量。

制作辅食要选择健康的食材

制作宝宝辅食，应选择新鲜、纯天然的食物，水果宜选择皮壳较容易处理、农药污染及病原感染概率低的种类，如橘子、苹果、香蕉、木瓜等。

肉蛋类食物，如鸡蛋、鱼、猪肉、猪肝等要煮熟，以免引起细菌感染或过敏。肉类富含铁质和蛋白质，可以做成肉末、肉丝或肉泥等。

应多选用蔬菜类食物，如胡萝卜、菠菜、空心菜等。

常用辅食食材的基本处理方法

在给宝宝添加辅食时，对各种食物的处理方式至关重要。下面是宝宝辅食的4种基本处理方法，妈妈们可以参考学习一下：

较软且易碎的食物：可采用压碎的方法来处理，如草莓、香蕉、熟土豆等。将食物放入碗里，用汤匙将其压碎即可。

偏硬的食物：更适合用磨碎的方法来处理，如胡萝卜、白萝卜、小黄瓜等。把擦丝板放在碗上，食物放在擦丝板上磨碎，这样磨碎的食物碎末正好落入碗里。

需研磨压碎的食物：可将食物氽烫至熟后切成小块，放入研钵里，用研棒仔细研磨，将食物压碎即可。

需先用水浸泡的食物：有些食物在调理前需先用水浸泡一下，如干海带、黑木耳、银耳等。将食物放入容器中，加水没过食物浸泡。若食物带有涩味，可在浸泡时加些盐或醋。

常用辅食食材的基本切法

根茎类蔬菜：如胡萝卜，切的方向应垂直向下。

带叶蔬菜：如圆白菜，应顺纤维方向切断。

肉类：牛羊肉应横切，刀和肉的纹理呈90°垂直，切好的肉片纹路呈"井"字形；猪肉应竖切，即刀顺着肉的纹理切，切好的肉片纹路呈"川"字形；鸡肉应斜切，刀和肉的纹理有个倾斜的角度即可，切好的肉片纹路呈"川"字形。

6个月：让宝宝爱上辅食

宝宝辅食添加重点

6个月的宝宝一天的主食仍应是母乳或其他乳制品，一昼夜需给宝宝喂奶3～4次。对宝宝进行人工喂养时，应采用配方奶喂养，全天总量不应少于600毫升。另外，如果宝宝此时还只是吃母乳，则应该添加辅食了，可以从宝宝的"晚餐"逐渐开始，并慢慢增加辅食品种。

此时，宝宝辅食应是流食或半流食，且食材加工得越细小越好。一般说来，以各种泥糊类和汤汁类的食物，比如水果泥、蔬菜泥、蛋黄泥、蔬果汁、米汤等为佳。这样可以让宝宝充分吸收生长发育所需的各种营养物质，还能让宝宝循序渐进地熟悉各种食物的味道和触感，并能有效地锻炼宝宝的咀嚼和吞咽能力。

喂养宝宝小指导

喂宝宝吃辅食时，妈妈要及时教会宝宝不

让进入口腔的食物从嘴边流出。食物不从嘴边流出，就是宝宝会闭上嘴唇吞咽的证据。当食物从嘴边流出时，宝宝就会有意识地减慢进食速度。大多数妈妈都有把辅食倒进宝宝嘴里的习惯，这种做法是错误的。正确的方式是将汤匙轻轻放在宝宝的下唇，宝宝就会自动张开嘴巴，这样可以帮助宝宝学会闭上嘴唇，将食物顺利咽下。之后便可逐渐减少食物中的水分，进入喂泥状辅食阶段。

给宝宝喂食时，要用个头稍小、质地较软的勺子。头两天喂食1～2匙为宜，若宝宝消化、吸收得很好，再慢慢地增加一些。每添加一种新的食物，要在前一种食物食用3～5天、宝宝没有出现任何异常之后进行。另外，此时最好不要给宝宝吃盐，因为宝宝的肾脏还没发育完全，不能完全代谢，给宝宝吃盐会加重肾脏的负担。

一日营养方案（6月龄）

时间		喂养方案
上午	6：00～6：30	母乳喂养或者喂配方奶250毫升
	9：00～9：30	铁强化米粉
中午	12：00～12：30	土豆泥
下午	15：30～16：00	母乳喂养或者喂配方奶200毫升、面包1小块
	18：00～18：30	铁强化米粉
晚间	20：00～21：00	母乳喂养或者喂配方奶220毫升

＊因每个孩子的作息时间及食量不同，以上营养方案仅作为参考使用。后同。

? 专家答疑

Q: 宝宝8个月了，不吃辅食怎么办？

A: 那可要注意了，辅食添加最好不要晚于6个月，因为从6个月起，光吃母乳或婴儿配方奶已不能满足宝宝生长发育的营养需求，不添加辅食会引起营养不良、贫血等问题。从宝宝现在的状况来看，他的生长发育可能已经受到影响了，应该赶紧添加辅食，多花些时间了解宝宝的口味偏好，从少到多，慢慢让宝宝适应，及时添加辅食还能促进宝宝口腔、语言的发育。宝宝吃饭是需要学习的，让宝宝和大人一起吃，培养吃的兴趣，另外需要家人的配合，减少宝宝对妈妈的依恋，必要时可以考虑断奶。

Q: 果汁或饮料可以代替白开水吗？

A: 许多家长认为白开水没有味道，喜欢用果汁或是饮料来代替白开水喂给宝宝喝。尽管果汁和有些饮料营养丰富，但并不是都对宝宝有利。

研究表明，新鲜的果汁如果不稀释就喂给宝宝，宝宝长大后患胃溃疡的概率会大大增加。如果宝宝长期饮用甜味果汁或饮料，还会影响食欲，容易导致营养不良。尤其是添加香精、色素的饮料，更会给宝宝的健康带来危害。所以，建议6个月以下的宝宝最好不要喝果汁和饮料，1周岁以上的宝宝也要限量饮用，更不能用果汁或饮料来代替白开水给宝宝饮用。

Q: 辅食里有点咸味更好吗？

A: 刚开始添加辅食的时候，有的妈妈担心辅食的味道太淡，宝宝不爱吃，所以会在辅食中加些盐、鸡精之类的调味品调味，这种做法是不科学的。因为宝宝刚出生不久，肾脏功能并不完善，如果宝宝食入过多的调味品，则会增加肾脏负担，引发肾脏病症，从而导致生长发育缓慢。在诸多调味品中，盐对肾脏的影响是最大的。因此，父母在给宝宝喂辅食的时候，最好不要往辅食里面加调味品。

Q: 6个月的宝宝能吃蜂蜜吗？

A: 宝宝在1岁以内最好不要吃蜂蜜。这是因为有些蜂蜜中可能含有肉毒杆菌，这对于成年人来说无大碍，但对于免疫系统尚未发育完善的婴儿来说，可能会导致中毒，甚至造成严重的后果。另外，蜂蜜含糖高，味道甜，对处在口味形成关键时期的婴儿来说，食物中添加蜂蜜容易养成嗜甜的饮食习惯，不利于将来的健康。所以1岁以内的宝宝辅食中不要添加蜂蜜，饮食以清淡为好。

Q: 豆奶和豆浆是否可以代替配方奶粉？

A: 豆奶或豆浆都是以豆类为主要原料制成的，其中含有丰富的蛋白质、维生素以及较多的矿物质，是大众喜爱的饮品。但是豆奶或豆浆不可以代替配方奶粉作为宝宝的主食，因为豆奶或豆浆中的营养成分并不全面均衡，而且含铝比较多，并不适合处于生长发育关键期的宝宝作为主食食用。

🥕 宝宝营养餐

◉ 鲜橙汁

材料：鲜橙 1 个。

做法：

❶ 橙子去皮后横切成两半，用榨汁机或其他挤果汁的器具挤压出果汁。

❷ 往橙汁中加入 2～3 倍温开水调匀即可。

贴心小叮咛

果汁隔夜后，不要再给宝宝喂食。

◉ 香瓜汁

材料：新鲜香瓜半个。

做法：

❶ 香瓜洗净，去皮、籽后切成小块。

❷ 将香瓜块放入榨汁机中，加温开水搅拌榨汁，倒入杯子后滤渣即可。

◉ 青菜汁

材料：青菜 200 克（油菜、小白菜均可）。

做法：

❶ 青菜洗净，用清水浸泡 30 分钟后切碎。

❷ 锅置火上，加 1 小碗清水煮沸，再放入碎菜，盖紧锅盖，煮 5 分钟。

❸ 用汤匙压菜取汁，即可给宝宝饮用。

葡萄汁

材料： 紫葡萄 3 ~ 4 颗。

做法：

❶ 紫葡萄洗净，去皮、籽，用干净的纱布包起。

❷ 用汤匙将紫葡萄压挤出汁，加凉开水以 1 ∶ 1 的比例稀释即可。

胡萝卜橙汁

材料： 橙子 1 个，胡萝卜半根。

做法：

❶ 胡萝卜洗净、去皮后切成段；橙子对切成 4 瓣，去皮。

❷ 将胡萝卜段和橙子肉一起放入榨汁机中榨汁，倒入碗中即可。

白萝卜梨汁

材料： 小白萝卜 1 根，梨半个。

做法：

❶ 小白萝卜洗净，切成细丝。

❷ 梨洗净，切成薄片。

❸ 锅置火上，加适量清水，放入白萝卜丝煮沸。

❹ 用小火炖 10 分钟，加入梨片再煮 5 分钟，晾凉即可。

南瓜汁

材料：南瓜 100 克。

做法：

❶ 南瓜洗净后去皮，切成小丁，蒸熟。

❷ 用匙子将蒸熟的南瓜压烂成泥。

❸ 加适量开水稀释调匀，放在细网漏匙上过滤一下即可。

核桃汁

材料：核桃仁 100 克。

调料：配方奶适量。

做法：

❶ 将核桃仁放入温水中浸泡 5~6 分钟后去皮。

❷ 放入食品加工机中，加适量温开水，磨成浆汁。

❸ 将核桃汁过滤后倒入锅中，再倒入适量配方奶煮沸，晾温即可。

西红柿汁

材料：新鲜西红柿 1 个。

做法：

❶ 西红柿洗净，用开水烫软后去皮，切碎。

❷ 用清洁的双层纱布包好，将西红柿汁挤入碗内，用适量温开水冲调，即可饮用。

营养早知道

西红柿汁酸甜可口，富含番茄红素、维生素C及β-胡萝卜素。故非常适宜6个月的宝宝饮用。

纯味米汤

材料：大米 3 小匙。

做法：

① 将大米用清水洗净，浸泡 2 小时。

② 锅中放入大米，加入适量水，小火煮至粥成，备用。

③ 将大米粥过滤，留取米汤，等到米汤微温时给宝宝喂食即可。

奶糊香蕉泥

材料：香蕉 100 克。

调料：配方奶粉适量。

做法：

① 把香蕉剥皮后，用勺子背面把它压成泥状，备用。

② 将香蕉泥放入锅内，加入配方奶粉和适量温水混合搅拌均匀。

③ 锅置火上，边煮边搅拌，煮至糊状，熄火即可。

甘薯泥

材料：甘薯 150 克。

做法：

① 甘薯洗净。

② 蒸熟，压成泥，取适量给宝宝喂食。

营养早知道

　　甘薯富含淀粉、糖类、氨基酸等营养物质，是非常好的营养食品，不过食用甘薯应适量，以免出现胃灼热、吐酸水、肚胀排气等不适。

蛋黄泥

材料：鸡蛋 1 个。

做法：

❶ 将鸡蛋洗净，放锅中煮熟。

❷ 将鸡蛋剥去蛋壳，除去蛋白，取 1/2 个蛋黄，加入少许白开水，用小匙搅烂即可。

❸ 也可将蛋黄泥用牛奶或米汤等食物调成糊状食用。

青菜泥

材料：绿色蔬菜 100 克。

做法：

❶ 绿色蔬菜洗净后去梗，菜叶撕碎。

❷ 将碎菜叶放入沸水中煮，待水煮沸后，捞起菜叶。

❸ 将菜叶放在干净的钢丝筛上捣烂，用匙压挤，滤出菜泥即可。

苹果泥

材料：苹果 70 克。

做法：

❶ 可将苹果洗净去皮，用勺子刮成泥状，即可喂食。

❷ 也可将苹果洗净，去皮，切碎丁，加入适量凉开水，上笼蒸 20 分钟，捣碎晾温即可。

妈妈喂养经

宝宝常吃苹果泥，可预防佝偻病，对脾虚消化不良的宝宝也较为适宜，但勺子一定要先洗净消毒。

7个月：可以加点儿颗粒状软食了

宝宝辅食添加重点

7个月的宝宝已经开始长出乳牙，因而有了一定的咀嚼能力，舌头也有了搅拌食物的功能，这些都帮助他们对食物表现出越来越大的兴趣。宝宝的这些表现也随之对喂养方式提出了新的要求。此时，妈妈们可继续选择喂宝宝母乳，奶量只保留在每天500毫升左右就可以了。添加的辅食品种要丰富多样，做到荤素搭配。

由于此时宝宝的牙齿开始萌出，咀嚼食物的能力逐渐增强，消化功能也逐渐增强，因此在喂食粥类时，可在粥内加入少许碎菜叶、肉末等。但要注意，在给宝宝添加碎菜叶、肉末时，要从少量逐步递增。同时，要培养宝宝养成良好的进食习惯，喂食要基本定量，吃饭场所要固定。

喂养宝宝小指导

这个时期最好每日喂奶3次，吃辅食2次。辅食一般在上午10点和下午6点左右供给，一

天只给2次。喂辅食时，妈妈有时难免操之过急，喂得太快，若宝宝嘴里还有食物时不能再喂，也不要让宝宝吃得太快，否则会出现囫囵吞枣的现象。应该一口一口地慢慢喂，如此宝宝才能适应这个阶段的喂食方法。不过，如果拖太久，宝宝、妈妈都会累，因此最好调整好时间，喂食时间控制在20分钟以内。值得注意的是，一旦喂食时间确定后，就不要轻易变动，这样有利于宝宝养成好习惯。

此时多数宝宝每天的辅食种类越来越丰富，爸爸妈妈更应该注意均衡哺喂，而不要一味地给宝宝增加营养，以免导致宝宝过胖，影响后期发育。

一日营养方案（7月龄）

时间		喂养方案
上午	6：00	母乳喂养或者喂200～220毫升配方奶
	9：00～10：00	母乳喂养或者喂120～150毫升配方奶、铁强化米粉2勺
中午	12：00～12：30	菜泥或肉泥约1/3碗
下午	15：00	母乳喂养或者喂150～200毫升配方奶、蛋黄泥1/4个
	18：00～18：30	鸡蛋羹或烩粥（面）1/3碗，水果泥适量
晚间	21：00	母乳喂养或者喂200～220毫升配方奶

? 专家答疑

Q: 容易使宝宝噎到的食物有哪些?

A: 虽然7个月的宝宝已经开始长出乳牙，而且咀嚼和吞咽能力明显增强，但发育还并不完善，一些容易噎到宝宝的食物，妈妈还是要避免宝宝接触。

小且带皮核的水果: 一些小巧、圆润且带核的水果，如葡萄、樱桃等。妈妈在喂宝宝这类食物时要先去皮、核，并切成小块，否则整颗给宝宝吃容易使宝宝噎到。

多纤维的蔬菜: 宝宝多食用一些富含膳食纤维的食物是有益的，但含膳食纤维较多的蔬菜最好要切碎给宝宝食用，以免宝宝无法咀嚼和吞咽，导致被噎到。

黏稠果酱等: 一些果酱或花生酱由于黏稠度过高，不利于宝宝咀嚼和吞咽，因此，也不宜给宝宝喂食。

坚果类: 坚果较硬且体积太小，而宝宝还不能很好地掌握咀嚼和吞咽技巧，容易被噎到。所以，给宝宝喂食时应磨成粉后食用。

Q: 7个月的宝宝突然食欲减退怎么办?

A: 宝宝食欲减退了，无论是对辅食还是母乳或配方奶粉都会表现得食欲不振，甚至表现出不愿意吃东西的情况。妈妈遇到这种情况切不可手足无措，要冷静应对。如果不是由于身体出现疾病等而感到不适，那么宝宝食欲减退只是暂时的现象。一般造成宝宝食欲减退的原因主要有三个：一是宝宝的生长发育速度相比6个月内减慢，这使宝宝对食物的需求量相对减少；二是乳牙萌出使宝宝感到不适应；三是宝宝对食物有了自己的偏好。如果是这些原因引起的，妈妈可以采取少食多餐的方法，并尊重宝宝的意愿，不强硬喂宝宝吃东西，耐心帮助宝宝度过这一特殊阶段。

宝宝营养餐

7倍粥

材料：大米适量。

做法：

❶ 将大米浸泡 30 分钟（或更长一些时间）。

❷ 将浸泡好的大米放入锅内倒入 7 倍的水以大火煮沸，转小火煮 40 分钟，关火，再焖 10 分钟。

❸ 把熬好的米粥倒入小碗中晾温即可。

南瓜粥

材料：大米 100 克，南瓜 50 克。

做法：

❶ 大米洗净，放入水中浸泡 30 分钟（或更长一些时间）；南瓜去皮后洗净，切成小薄丁。

❷ 锅置火上，加适量水，放入大米和南瓜一起煮沸，再煮 30 分钟至粥烂即可。

蘑菇米粥

材料：大米粥 200 克，蘑菇 50 克。

调料：橄榄油少许。

做法：

❶ 蘑菇洗净后切碎末，备用。

❷ 锅置火上，加少许橄榄油烧热后放入碎蘑菇翻炒至熟烂。

❸ 大米粥倒入锅中拌匀即可。

牛奶玉米粥

材料：玉米粉 50 克。

调料：配方奶粉 2 大匙。

做法：

① 锅置火上,倒入配方奶粉和适量清水,用小火煮沸。

② 撒入玉米粉,用小火再煮 3 ~ 5 分钟,并用匙不断搅拌,直至变稠。

③ 将粥倒入碗内,晾凉后,即可喂宝宝吃。

麦片奶糊

材料：麦片 100 克。

调料：配方奶粉 2 大匙。

做法：

① 麦片用清水泡软。

② 锅置火上,将麦片连水倒入锅内煮沸,煮 3 分钟。

③ 加适量水,再煮 5 分钟,待麦片软烂、稀稠适度,加入配方奶粉搅匀即成。

牛奶花生糊

材料：大米 50 克,黑芝麻粉 20 克,花生仁粉 8 克。

调料：配方奶 200 毫升。

做法：

① 大米用清水洗净,放入水中浸泡 1 小时。

② 锅内加适量水,放入浸泡好的大米以中火焖煮。

③ 待米煮烂时,加入配方奶及黑芝麻粉、花生仁粉搅匀,再煮 5 分钟即可。

◎ 胡萝卜苹果泥

材料： 胡萝卜 200 克，苹果 100 克。

做法：

❶ 胡萝卜洗净后去皮，磨成泥状；苹果洗净后去皮，也磨成泥状。

❷ 将苹果泥与胡萝卜泥混合，用适量温开水调稀。

❸ 上蒸锅蒸 3 分钟，晾至常温即可。

◎ 赤小豆泥

材料： 赤小豆 50 克。

做法：

❶ 赤小豆洗净，用冷水浸泡 1 小时。

❷ 将赤小豆入沸水锅内煮一段时间后，加盖，转小火焖煮至烂成豆沙状。

❸ 关火，让豆沙沉淀，除去浮在水面上的豆皮，倒去多余的水，将豆沙倒入粉碎机中粉碎即可。

◎ 香蕉泥

材料： 香蕉半根，婴儿米粉 1～2 匙。

调料： 母乳或者配方奶 2 匙。

做法：

❶ 香蕉剥皮，捣成糊状。

❷ 将婴儿米粉和母乳或配方奶混合，倒入香蕉糊中搅拌均匀即可。

蛋黄果蔬泥

材料：熟鸡蛋黄半个，胡萝卜、苹果、猕猴桃各适量。

做法：

① 将胡萝卜去皮，煮熟后研磨成泥状；苹果、猕猴桃均去皮，捣泥状；熟蛋黄碾成泥状。

② 将所有食物稍微加热，拌匀，装入盘中即可。

鸡蛋豆腐羹

材料：鸡蛋1个，豆腐3小匙。

调料：肉汤2小匙。

做法：

① 鸡蛋敲破，放入碗中，滤取半个蛋黄，打散。

② 豆腐放入锅内，加入适量沸水汆烫，捞出沥干。

③ 将蛋黄、豆腐一起放入锅内，加入肉汤，边煮边搅拌，煮熟即可。

甘薯蛋黄泥

材料：甘薯100克，熟鸡蛋黄半个。

做法：

① 甘薯洗净后煮熟，去皮、压泥。

② 将熟蛋黄用匙背压成泥状，加入甘薯泥拌匀即可。

贴心小叮咛

　　购买鸡蛋时，可以用手指捏住鸡蛋摇晃，没有声音的是鲜鸡蛋，有声音的则是坏鸡蛋。

8个月：吃好辅食补充热量

宝宝辅食添加重点

宝宝进入8个月后，体格发育速度有所减慢，而自主活动却明显增多，所以每天的热量消耗还会不断增加。与此同时，宝宝消化道内的消化酶已经可以充分消化蛋白质，妈妈应该对宝宝的饮食结构进行调整，添加的辅食应更丰富，可以给宝宝多喂一些蛋白质丰富的奶制品、瘦肉末、豆制品及鱼肉末等食物。

需要特别注意的是，每次给宝宝添加辅食时最好只添加一种，当宝宝已经适应且没有不良反应时，可再添加另外一种。而且，一般情况下，只有当宝宝处于饥饿状态时，才更容易接受新食物。所以，新添加的辅食应该在给宝宝喂奶前喂食，喂完辅食之后再喂奶即可。

喂养宝宝小指导

宝宝8个月时，妈妈母乳的分泌量开始减少，即使母乳的分泌量不减少，乳汁的质量也开始下降，这时妈妈需做好给宝宝断奶的准备。从8个月开始，妈妈可以把每天给宝宝添加辅食的次数由2次增加到3次。

妈妈在为宝宝添加辅食时需要关注宝宝的饮食个性，在保持营养充足的情况下可以按照宝宝的喜好来制做辅食，这样会帮助宝宝更好地成长，但不能过度纵容宝宝的这种偏好，以免使宝宝形成偏食、挑食的习惯。

一日营养方案（8月龄）

时间		喂养方案
上午	6：00	母乳喂养或者喂200～220毫升配方奶、白面包片30克
	8：00～10：00	菜汁或果汁约150毫升，20克营养米粉，1/4个蛋黄
中午	12：00～12：30	肉泥米糊2/3碗
下午	15：00	母乳喂养或者喂约180毫升配方奶、铁强化米粉2勺
	18：00～18：30	蒸嫩鸡蛋羹（半个鸡蛋，带蛋清）半碗，水果泥适量
晚间	21：00	母乳喂养或者喂200～220毫升配方奶

❓ 专家答疑

Q（问）：宝宝不愿意吃辅食怎么办？

A（答）：如果宝宝不爱吃添加的辅食，爸爸妈妈们也不要过于担心，要耐心找到问题的根源。一般来讲，宝宝不愿意吃辅食的原因很多，主要包括：辅食口感不佳；宝宝不习惯新食物；添加辅食的方式不正确；宝宝的身体不舒服；不习惯辅食的喂养方式等。为此，爸爸妈妈们需要找出宝宝不愿意吃辅食的原因，并耐心帮其克服。如果是辅食做得不可口而使宝宝不爱吃，就需要妈妈从食物的美味上下功夫。一般最初给宝宝添加辅食时，辅食要尽量容易消化、

咀嚼、吞咽，口感松软细腻，温度合适，尽量满足宝宝的口感。另外，由于添加辅食，宝宝的进食方式就会出现变化，原来吸吮乳头现在需要尝试使用勺子、碗等餐具，宝宝不习惯是可以理解的。这时让宝宝有一个适应的阶段，耐心地多尝试几次就可以了。

Q：宝宝不喜欢吃蔬菜怎么办？

A：遇到这种情况时，可以将给宝宝吃的蔬菜设法做成让宝宝不能选择的形态，例如将蔬菜切成碎末放入汤中，或做成菜肉蛋卷等，这样便可以顺顺利利地让宝宝吃下蔬菜。对于宝宝的偏食问题，爸爸妈妈不必急着在婴儿期强行改变，有许多在婴儿期不爱吃的食物，到了幼儿期，宝宝却变得非常爱吃。

Q：可以给宝宝添加较柔软的固体食物吗？

A：8个月的宝宝已经进入萌牙期，妈妈可以为宝宝适当添加较柔软的固体食物，如切成丁或片的香蕉、苹果等，也可以选择入口即化的食物，如手指饼干、烤馍片等。这类食物对长牙或将要长牙的宝宝来说，可以锻炼其咀嚼能力，促进牙齿生长，坚固牙齿。

Q：**宝宝8个多月了没长牙，是不是缺钙了？**

A：宝宝长牙早晚与遗传、营养、疾病等因素有关。由于个体差异，出牙的时间差距在半年之内也算正常。宝宝长牙晚的原因需要爸爸妈妈们认真了解，不能盲目地认为宝宝是因为缺钙而导致长牙晚，于是开始给宝宝补充钙质，甚至给宝宝加量服用钙片，这样做不仅不能解决宝宝长牙晚的问题，还有可能影响其身体健康。

Q：**为什么忌给宝宝吃未煮熟的鱼？**

A：淡水鱼体内一般常有寄生虫，因此给宝宝烹调鱼时，要注意将鱼清洗干净。而且烹饪时鱼要烹煮熟烂才能给宝宝食用，否则未熟透的鱼肉，仍然会危害宝宝的身体健康。宝宝如食用了未熟透的鱼，可能会出现食欲不振、腹痛、水肿、黄疸等情况。

Q：**宝宝用手抓饭需要纠正吗？**

A：没有必要硬性纠正宝宝用手抓饭吃的行为。事实上，抓饭吃对宝宝有诸多益处。研究表明，这一时期的宝宝正处在学吃饭的时期，所以宝宝的这种行为实质也是一种兴趣的培养。而且，宝宝与食物反复接触，能使他对食物变得越来越熟悉，越来越有好感，也能更好地避免宝宝养成挑食的习惯。另外，手抓食物给宝宝带来的愉悦感，也会使宝宝更喜欢动手进食，并促进食欲和增强手指的灵活性，进而促进宝宝的肌肉发育。如果爸爸妈妈们担心这样做不卫生，只要注意饭前将宝宝的小手洗干净即可。

🐝 宝宝营养餐

🍴 鲜哈密瓜汁

材料：新鲜哈密瓜 60 克。

做法：

① 鲜哈密瓜去皮、籽，切成块状。

② 将切好的哈密瓜块放入榨汁机中榨出哈密瓜汁。

③ 用纱布过滤后，将哈密瓜汁与温水以 1 ∶ 2 的比例稀释即可。

🍴 柠檬汁香蕉泥

材料：香蕉 70 克。

调料：柠檬汁少许。

做法：

① 将香蕉洗净，剥去白丝，切成小块。

② 再将香蕉块放入料理机中，淋入几滴柠檬汁，搅成香蕉泥即可。

🍴 鸡汤南瓜泥

材料：南瓜 150 克，鸡胸脯肉 100 克。

做法：

① 将鸡胸脯肉剁成泥，再加适量水煮。

② 南瓜洗净后去皮，放蒸锅中蒸熟，碾成泥。

③ 当鸡肉汤熬好之后，用纱布将鸡肉颗粒过滤掉，将鸡汤倒入南瓜泥中，再稍煮片刻即可。

水蜜桃汁

材料：水蜜桃 50 克。

做法：

① 水蜜桃用清水洗净。

② 放入榨汁机中榨汁即可。

贴心小叮咛

　　水果在长途运送的过程中维生素 C 的含量会减少，所以要给宝宝补充维生素，最好选择本地产的水蜜桃。

奶香南瓜糊

材料：南瓜 100 克。

调料：配方奶粉 1 小匙。

做法：

① 将南瓜去皮切片，放入锅中煮熟。

② 用小勺将煮熟的南瓜片压成泥。

③ 在南瓜泥中加入适量开水，再加入 1 小匙配方奶粉搅拌均匀即可。

黑芝麻糊

材料：大米 100 克，熟黑芝麻 80 克。

调料：香油少许。

做法：

① 大米淘洗干净，浸泡 1 小时后焙干。

② 将大米与黑芝麻拌匀，放入料理机中，加水打成米浆。

③ 锅中放入适量水，加入几滴香油。

④ 煮沸之后，倒入米浆，边倒边用勺搅拌至糊状即可。

五彩黑米糊

材料：生菜 10 克，胡萝卜 15 克，黑米红枣营养米粉适量。

做法：

① 将生菜、胡萝卜洗净，切成碎末，并用清水煮熟。

② 取黑米红枣营养米粉，用温开水调成糊；再加入生菜末、胡萝卜末拌匀即可。

金枪鱼奶汁白菜

材料：大白菜嫩叶 1 片，配方奶粉适量，瓶装金枪鱼泥 1/2 瓶。

做法：

① 大白菜嫩叶洗净，用开水焯烫。

② 将大白菜嫩叶滤水后切碎。

③ 将配方奶粉、白菜末放入锅中以小火煮熟，起锅前加入金枪鱼泥拌匀即可。

土豆泥

材料：土豆 50 克。

做法：

① 土豆去皮，洗净，切成小块，蒸熟。

② 用勺子将土豆块压烂成泥，再加入少量开水调匀。

贴心小叮咛

表皮发绿或者长了芽的土豆，其皮和芽中含有有毒物质龙葵碱，食用后有可能引起中毒反应，因此一定不要给宝宝食用这样的土豆。

✿ 奶汁菜花泥

材料： 菜花 20 克。

调料： 配方奶 100 毫升。

做法：

❶ 菜花洗净，放入沸水中焯烫至软，捞起，沥干水分，剁成碎末。

❷ 趁热将菜花末放入配方奶中调匀即可。

✿ 香蕉奶糊

材料： 香蕉 40 克，配方奶粉 50 克，玉米粉 10 克。

做法：

❶ 香蕉剥皮后用勺研碎。

❷ 配方奶粉加温水调好，加入玉米粉，边煮边搅拌，煮好后倒入香蕉泥调匀即可。

营养早知道

此糊香甜适口，奶香味浓，富含蛋白质、碳水化合物、钙、磷、铁、锌及维生素 C 等多种营养素。

✿ 番茄鱼泥

材料： 新鲜鱼肉（最好选鱼刺少的鱼）30 克。

调料： 鱼汤 2 大匙，水淀粉、番茄酱各少许。

做法：

❶ 将鱼肉煮熟，去鱼骨刺和鱼皮后研碎。

❷ 锅置火上，放入鱼泥和鱼汤以大火煮沸。

❸ 水淀粉与番茄酱倒在一起调匀，再倒入鱼泥锅中搅拌，煮至黏稠状，关火即可。

蛋黄奶粉米汤粥

材料： 鸡蛋 1 个。

调料： 米汤半小碗，配方奶粉 2 匙。

做法：

1 在煮大米粥时，将米汤盛出半碗。

2 将鸡蛋煮熟，取 1/2 个蛋黄研成泥。

3 将配方奶粉冲调好，放入蛋黄、米汤调匀即可。

鱼泥苋菜粥

材料： 熟鱼肉 30 克，苋菜嫩芽 3 片，大米粥 3 大匙。

调料： 鱼汤适量。

做法：

1 苋菜嫩芽汆烫，切末后压成泥状；熟鱼肉压碎成泥（去净鱼骨刺）。

2 在大米粥中加入鱼肉泥、鱼汤煮至熟烂。

3 再加入苋菜泥煮烂即可。

胡萝卜鲳鱼粥

材料： 鲳鱼 30 克，胡萝卜 10 克，大米粥 1/2 碗。

做法：

1 将胡萝卜洗净，去皮，切细丁；鲳鱼洗净，去干净刺，切成细丁。

2 将胡萝卜丁、鲳鱼丁与大米粥混合煮软，搅成糊状即可。

9个月：可以增加些固体辅食了

宝宝辅食添加重点

从第9个月开始，母乳即使再充足，也不能作为宝宝的主食了，但有哺乳条件的妈妈还应哺喂母乳，但要逐步减少，直至宝宝断奶为止。9个月以后，辅食应该开始"唱主角"了。这时要逐渐增加辅食的种类和数量，给宝宝添加的辅食中，各种谷类、面类、蔬菜、水果类食品应逐渐增多。

在饮食结构上，从流质到半流质，最后过渡到正常的固体饮食。另外，9个月大的宝宝已经可以将水果拿在手里吃了，但要将水果洗净、削皮、去核，切成小块后再给宝宝，另外，记得要将宝宝的手洗干净。此时的宝宝吃鸡蛋时也不再局限于吃蛋黄，可以试着给宝宝喂食蛋白部分，若宝宝没有过敏反应，便可以吃全蛋了。

喂养宝宝小指导

宝宝9个月就已经可以准备断奶了，这时的宝宝每天要三餐定量吃辅食。此时的宝宝可能已经长出3～4颗小牙，有一定的咀嚼能力，

这时可以进一步调整奶量和辅食量的比例，并适当添加一些较硬的食物，如碎菜叶、肉末丁等。但宝宝的消化能力还不是很完善，因此还要把食物较粗的部分去掉。

一般情况下，此时母乳和配方奶仍需要继续喂哺，但可以适当减少喂奶的次数，总奶量一般每天500～600毫升即可，辅食量可以在之前的基础上适量添加。

一日营养方案（9月龄）

时间		喂养方案
上午	6：00	母乳喂养或者喂200～220毫升配方奶、白面包片25克
	8：30	水果粒100～150克
	10：00	肉蛋类烩粥或烂面约2/3碗
中午	12：00～12：30	母乳喂养或者喂约200毫升配方奶、1片面包
下午	15：00	肉末碎80克
	18：00～18：30	鱼肉泥25克、蔬菜碎末50克、米粥25克
晚间	21：00	母乳喂养或者喂200～220毫升配方奶

? 专家答疑

Q: 能给宝宝吃的磨牙食物有哪些?

A: 一般来讲，宝宝大概从7个月起进入了长牙期，等到了9个月后宝宝的牙齿已经长出许多

颗了，这时给宝宝适量吃一些磨牙食物，有助于宝宝牙齿的生长和发育。爸爸妈妈们可以在两餐之间给宝宝吃一些烤馒头片、面包片、磨牙饼干、手指饼干或水果块等，让宝宝自己拿着当零食吃。但这个时候的磨牙食物不要太硬，以免噎到宝宝。建议每天让宝宝至少吃2次磨牙食物。

Q: 宝宝吃粗粮有哪些好处?

A: 所谓粗粮，是指小米、玉米、高粱米等谷

类食物。宝宝常吃粗粮对于成长发育非常有益，因为粗粮中有许多细粮所没有的营养成分。粗粮中糖类的含量低、膳食纤维的含量较多，而且还富含B族维生素等营养成分。此外，宝宝常食粗粮，还有利于加快体内废物排泄，减少体内毒素，从而有效缓解便秘症状。粗粮中的膳食纤维能使宝宝产生饱食感，从而控制糖类的过量摄入。尤其是在宝宝开始长牙时，适当吃些粗粮能够促进宝宝咀嚼肌和牙床的发育，因而粗粮也是宝宝磨牙的好食物。

Q：宝宝生病了还可以断奶吗？

A：宝宝生病期间一般不建议断奶，最好推迟一下断奶时间，等宝宝身体恢复后再进行断奶。因为这个时候宝宝的身体虚弱且情绪不佳，再加上长期以来已习惯了母乳喂养，如果这时再断奶，宝宝在心理上会难以接受，而且还可能会造成营养不良，使病情加重，进而影响宝宝的生长发育。

Q：宝宝对鱼肉过敏怎么办？

A：鱼肉肉质细腻、味道鲜美，营养价值高，其中蛋白质、维生素、矿物质等含量十分丰富，给宝宝食用鱼肉对促进宝宝生长发育、提高智力都有好处。但一些宝宝吃鱼肉容易出现过敏反应，尤其是海产类的鱼肉过敏反应更严重。

这时最好停止给宝宝吃鱼肉，可以等宝宝大一些，再尝试着给宝宝喂食鱼肉，但为了保证宝宝均衡地摄入营养，可以先用营养成分相似的其他动物性食物来代替鱼肉。

Q：为什么宝宝发热时不能多吃鸡蛋？

A：当宝宝发热时，爸爸妈妈为了给虚弱的宝宝补充营养，使他尽快康复，就会增加一些高蛋白类的食物，如鸡蛋羹、鱼泥、肉泥等。特别是蛋类，是父母最喜欢给生病的宝宝选择的高蛋白食物。生病中的宝宝如无医学禁忌，适当选择一些补充蛋白质的食物是可以的，但吃太多则不仅不利于宝宝身体的恢复，反而可能有损身体健康。

首先，宝宝发热时消化功能会受到影响，消化酶的分泌有所减少，而蛋白质类食物不太容易消化吸收，所以此时给宝宝吃较多的高蛋白食物可能会导致宝宝发生消化不良，甚至腹泻。另外，人体摄入食物时会出现热量消耗增加的现象，在营养学上称为"食物特殊动力作用"。食物特殊动力作用会导致身体产热暂时增加，对于发热的宝宝体温下降可能会有轻微影响。而我们常吃的3种营养，即蛋白质、脂肪和糖类中，蛋白质的产热能力是最大的。所以当发热的宝宝摄入大量蛋白质食物时，无论从消化能力方面还是体温控制方面都没有什么益处。

所以，对于发热宝宝的正确护理方案是鼓励宝宝多喝温水，多吃些蔬菜和水果，适量地吃容易消化的主食及肉、蛋、奶类等。

🥕 宝宝营养餐

🔩 西瓜奶汁 🔩

材料：小西瓜 100 克。

调料：配方奶粉适量。

做法：

❶ 小西瓜洗净，去皮，切块，放入榨汁机中榨成泥。

❷ 将西瓜泥倒出来，加入配方奶粉搅拌均匀即可喂食。

🔩 鸡肝肉泥 🔩

材料：鸡肝、猪瘦肉各 50 克。

做法：

❶ 鸡肝、猪瘦肉均洗净，去筋，用刀剁成肝泥、肉泥。

❷ 将鸡肝泥和猪瘦肉泥一起放入碗中，加入适量冷水搅匀，上笼蒸熟即可。

🔩 蒸南瓜 🔩

材料：南瓜适量。

做法：

❶ 南瓜去皮，洗净，切成块，置于盘中，上蒸锅蒸熟后取出。

❷ 待其变温后用宝宝的小匙子一点一点刮泥，给宝宝喂食即可。

◎ 沙丁鱼橙泥

材料：沙丁鱼、橙子各适量。

做法：

❶ 沙丁鱼洗净，去骨、皮；橙子去皮，研磨成泥。

❷ 将沙丁鱼肉、橙泥一同放入碗中，入锅中蒸熟，取出后捣碎成泥即可。

◎ 鲜虾肉泥

材料：鲜虾仁 50 克。

调料：香油少许。

做法：

❶ 虾仁洗净，制成肉泥，放入碗中。

❷ 往装虾仁肉泥的碗中加适量水，放入锅中蒸熟。

❸ 淋 2 滴香油拌匀即可。

◎ 蔬菜蒸蛋黄

材料：鸡蛋黄 40 克，菠菜 25 克，胡萝卜适量。

调料：高汤适量。

做法：

❶ 鸡蛋黄碾成碎末；胡萝卜、菠菜分别择洗干净，氽烫后切成碎末。

❷ 将蛋黄末与高汤混匀，放入蒸笼中蒸 3～4 分钟。

❸ 将胡萝卜末和菠菜末撒在蒸好的蛋黄上即可。

蔬菜鳕鱼羹

材料：鳕鱼肉 1 片，丝瓜、小白菜、胡萝卜各适量。

做法：

① 鳕鱼肉切成细丁；丝瓜、小白菜、胡萝卜切成细末。

② 锅中加适量清水煮开，放入鳕鱼丁、小白菜末、胡萝卜末搅匀，再放入丝瓜末煮片刻即可。

营养早知道

　　鱼肉中所含的 DHA 是大脑发育必不可少的营养物质。

肉茸茄泥

材料：圆茄子 2/3 个，细肉茸 20 克，蒜末少许。

调料：香油、水淀粉各少许。

做法：

① 细肉茸中加蒜末、水淀粉拌匀，腌渍 20 分钟。

② 圆茄子茄肉部分向上，放入碗内。

③ 将腌渍好的细肉茸放于茄肉上，上蒸锅蒸至酥烂。

④ 取出后，淋上少许香油拌匀、捣烂即可。

奶汁香蕉

材料：香蕉半根，玉米粉 1 大匙。

调料：配方奶 100 毫升。

做法：

① 香蕉去皮，用勺子研成泥。

② 在配方奶中加入玉米粉，倒入锅中边煮边搅拌。

③ 将刚煮好的奶汁倒入香蕉泥中拌匀即成。

什锦米粥

材料： 大米、小米、燕麦各 20 克，海带、小白菜、西红柿丁各适量。

调料： 香油适量。

做法：

① 大米、小米、燕麦加适量水煮成粥。

② 加入海带、小白菜和西红柿丁，煮至西红柿熟后再加少量香油调味即可。

黑芝麻大米粥

材料： 黑芝麻 10 克，大米 30 克。

做法：

① 黑芝麻炒熟，备用。

② 大米用开水浸泡至软，用搅拌机打成细末，再加入适量开水煮至米熟汤稠。

③ 在粥中加入黑芝麻，继续煮片刻，拌匀后即可喂食。

鸡肉菜粥

材料： 7 倍粥（做法见 P50）150 克，鸡肉 15 克，菜叶 1 片。

做法：

① 鸡肉洗净后煮熟，切碎；菜叶氽烫熟，切碎。

② 将碎鸡肉加入 7 倍粥中煮。

③ 鸡肉煮软后，加入菜叶碎末煮 1 分钟即可。

⚙ 土豆胡萝卜泥

材料： 土豆 1～2 个，胡萝卜 1/4 根。

做法：

❶ 土豆洗净，去皮，放入微波炉中加热至熟，趁热压成泥，用细孔筛子过滤一次。

❷ 胡萝卜洗净，去皮，切成小丁，煮至烂熟，用擦板擦成胡萝卜泥。

❸ 将土豆泥和胡萝卜泥一起拌匀即可。

⚙ 米粉芹菜糊

材料： 新鲜芹菜 30 克，米粉 20 克。

做法：

❶ 芹菜择洗干净，切碎；米粉泡软。

❷ 锅内加水煮沸，放入碎芹菜和米粉，煮 3 分钟即可。

妈妈喂养经

芹菜含丰富的维生素和膳食纤维，但不要给宝宝食用过多的芹菜，以免造成宝宝消化不良。

⚙ 蘑菇米粥

材料： 大米粥 200 克，蘑菇 50 克。

做法：

❶ 蘑菇洗干净，切碎。

❷ 锅置火上，加适量油，稍热后放入蘑菇，翻炒至熟烂。

❸ 大米粥倒入锅中，拌匀即可。

风味奶酪

材料： 配方奶粉 50 克，菠萝块 5 克，饼干 4 片。

调料： 干奶酪 1 片。

做法：

❶ 饼干压成粉末，与配方奶粉和菠萝块一同放入搅拌机搅拌均匀。

❷ 加入适量的干奶酪片调匀即可。

圆白菜蛋泥汤

材料： 圆白菜叶 1 片，熟鸡蛋黄 1/2 个。

调料： 清高汤 1/3 杯，水淀粉少许。

做法：

❶ 圆白菜叶汆烫一下，切小块；熟鸡蛋黄压成泥。

❷ 将圆白菜叶和清高汤倒入锅里稍煮，用水淀粉勾芡，再将蛋黄泥放入汤中搅拌均匀即可。

煮挂面

材料： 挂面 10 克，鸡胸脯肉 5 克，胡萝卜、菠菜各适量。

调料： 水淀粉适量。

做法：

❶ 胡萝卜切丁煮软烂；菠菜汆烫，捞出沥干。

❷ 鸡肉剁碎后用水淀粉抓好，倒入开水煮熟，再放入胡萝卜丁和菠菜做成汤。

❸ 挂面煮软，捞出后加入菜汤中再煮 2 分钟即可。

10 个月：锻炼宝宝的咀嚼能力

宝宝辅食添加重点

宝宝到 10 个月后已经很适合断奶了，此时应在上午、中午、晚上分别喂宝宝吃三顿辅食。宝宝日常的辅食仍应以稀饭、软面条为主，但可以在稀饭或面条中加入鱼肉末、碎菜等，量要比上个月龄有所增加。另外，宝宝牙齿咀嚼能力的发育此时也愈来愈好，所以菜单上可以开始增加固体食物。营养专家建议，给宝宝喂食的固状食物应切细，以切丁、切薄片为主。

需要提醒妈妈的是，在给宝宝喂食蔬菜或水果时，要特别注意避免宝宝被食物噎到的情形发生。10 个月的宝宝，学习和模仿能力逐渐增强，妈妈可以让宝宝和大人坐在一起吃饭，使宝宝养成良好的进食习惯，为下一步的断奶打好基础。

喂养宝宝小指导

10个月的宝宝，虽然牙齿还没有长全，但已经会用牙床咀嚼食物了，这一时期，让宝宝充分练习咀嚼尤其重要。此时，有些宝宝已经开始断奶了，可以由出生时以乳类为主的饮食结构渐渐过渡到乳类为辅的阶段。但宝宝每日还是应继续进行母乳喂养，并吃3次主食和1次点心。

宝宝开始断奶后，辅食量增多了而且也渐渐成为了主食，且辅食也从半固体食物逐渐转变为固体食物，这时如果饮食结构不合理就很容易使宝宝发生便秘。因此在宝宝开始断奶时就要做好预防，在饮食结构上要讲究营养均衡、全面，保证食物种类的多样性，如五谷杂粮、蔬菜、水果等都要均衡摄入，还要给宝宝适时、适量地补充水分。

一日营养方案（10月龄）

时间		喂养方案
上午	7：00	母乳喂养或者喂约200毫升配方奶、肉馅包子1个
	9：30	20克饼干，100毫升新鲜果汁
中午	12：00~12：30	碎青菜面条30克
下午	15：00	母乳喂养或者喂约220毫升配方奶、新鲜水果80克
	18：00	鱼肉泥（去刺）25克，土豆泥50克
晚间	21：00	喂200~220毫升配方奶

❓专家答疑

Q：何时训练宝宝自己进餐？

A：通常来说，10个月以上的宝宝进餐时总想自己动手，喜欢摆弄餐具，这正是训练宝宝自己进餐的好时机。对食物的自主选择和独立进餐，是宝宝早期个性形成的一个标志，这对锻炼宝宝的协调能力和自立性很有帮助。在吃饭前，妈妈要先铺上塑料布，然后给宝宝穿上围嘴，再洗净宝宝的小手。开始吃饭时，妈妈可以准备两套餐具，一套自己拿着，给宝宝喂饭；另一套给宝宝，让宝宝自己吃。

Q: **宝宝太胖怎么办?**

A: 如果宝宝的体重平均每天增长超过30克，妈妈就要适当限制宝宝的食量。平时，妈妈可以多给宝宝吃蔬菜、水果，也可让宝宝在吃饭前或喝奶前先喝些淡果汁。当然，对于食量大的宝宝，控制其饮食量是比较困难的，妈妈不妨从饮食结构上进行调整，让宝宝少吃主食，多吃蔬菜、水果，多喝水，这是控制体重的好办法。但要保证宝宝蛋白质的摄入量，不能强行控制奶和蛋肉的摄入。只要能控制宝宝总热量的平衡摄入，同时保证营养成分的供给，宝宝就不会成为"小胖墩儿"了。

Q: **怎样培养宝宝独立"吃饭"的能力?**

A: 有的妈妈怕宝宝不爱吃辅食，总是把饭菜做得很细烂，把菜剁得很碎，把水果弄成水果泥。其实，对于现阶段的宝宝来说，这种做法是很保守的喂养方法。妈妈不要主观认为宝宝"吃"的能力还不够，应该给宝宝机会，让宝宝试一试。宝宝的能力，有时是父母想象不出来的。爸爸妈妈切忌把宝宝培养成智力超群、生活能力低下的人，而应该放手给宝宝更多的信任和机会。例如，让宝宝自己拿勺子吃饭、自己抱着杯子喝奶，等等。这样做，不仅能锻炼宝宝的独立生活能力，还能提高宝宝吃饭的兴趣，有了兴趣，宝宝吃饭自然就主动了。

Q: **妈妈是否应该把时间都放在厨房?**

A: 这个月龄的宝宝能吃多种蔬菜和肉蛋鱼虾，能和父母一起进餐。如果宝宝能一日吃三餐，喝两次奶，不吃点心，这就节省了很多时间，妈妈就有时间多带宝宝到户外活动，多和宝宝做游戏。不要把时间全放在厨房里，不要占用和宝宝共处的时间。

Q: **为什么宝宝不吃肉，更应补充B族维生素?**

A: 动物性食物中富含多种B族维生素，宝宝如果不吃肉，很容易出现烂嘴角、手脚麻木等症状。所以妈妈更要注意给这样的宝宝补充B族维生素。如果选择药补，则最好选择复合B族维生素片剂，这样更利于均衡营养，促进宝宝对营养的吸收。

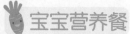
宝宝营养餐

猕猴桃汁

材料： 新鲜猕猴桃 2 个。

做法：

❶ 猕猴桃去皮，切块。

❷ 将猕猴桃块放入榨汁机中，加水搅拌榨汁，倒入碗中即可给宝宝喂食。

鱼泥豆腐羹

材料： 鱼肉 250 克，嫩豆腐丁 150 克，姜末、葱花、水淀粉各适量。

调料： 香油少许。

做法：

❶ 鱼肉加姜末蒸熟，去骨刺，捣烂成鱼泥。

❷ 锅内加适量水煮沸，放入嫩豆腐丁煮沸，倒入鱼泥，用水淀粉勾芡，加香油、葱花煮成糊状即可。

红枣泥

材料： 鲜红枣 3 ~ 5 个。

做法：

❶ 鲜红枣洗净后放入锅中，加适量水煮 20 分钟左右，至烂熟。

❷ 去枣核，用勺子压成枣泥即可。

深海鱼肉泥

材料： 深海鱼肉 50 克。

做法：

❶ 将鱼肉洗净，放入沸水中汆烫，捞出后去除鱼皮、鱼刺。

❷ 将鱼肉捣碎，然后用干净的纱布包起来，挤去水分。

❸ 将鱼肉放入锅内，加入适量开水，用大火熬煮 10 分钟，至鱼肉软烂即可。

鱼肉粥

材料： 大米 50 克，鱼肚肉 30 克。

做法：

❶ 大米淘洗干净后放入锅内，倒入适量水，以大火煮沸，改小火熬至黏稠。

❷ 鱼肚肉蒸熟，去刺后碾成泥。

❸ 将鱼肉泥放入粥内搅拌均匀，再用小火熬煮片刻即可。

三文鱼粥

材料： 三文鱼 50 克，大米 40 克。

调料： 香油、干淀粉各少许。

做法：

❶ 将三文鱼洗净，去除刺后剁成泥，拌入干淀粉。

❷ 将大米与拌好的鱼泥搅匀，放入锅内，加适量水，用大火煮熟软，出锅后加香油调味即可。

❀ 鸡肉油菜粥

材料：大米粥 100 克，鸡肉 20 克，油菜叶 10 克。

做法：

❶ 将鸡肉煮熟切碎；油菜叶氽烫至熟，切碎后备用。

❷ 将鸡肉加入大米粥中煮开，待鸡肉煮软即可加入油菜，1 分钟后熄火即可。

妈妈喂养经

鸡肉切成末可锻炼宝宝的咀嚼能力。

❀ 鸭肉米粉粥

材料：鸭胸脯肉、米粉各 50 克。

做法：

❶ 鸭胸脯肉洗净剁碎，放入油锅中炒至熟烂。

❷ 将米粉用清水调开后倒入锅内，加温水拌匀，煮沸后加入鸭肉末，继续煮 5 分钟即可。

❀ 小白菜玉米粉粥

材料：小白菜、玉米粉各 50 克。

做法：

❶ 小白菜洗净，放入沸水中氽烫，捞出后切成末。

❷ 将玉米粉用温水搅拌成浆，再加入小白菜末搅拌均匀。

❸ 锅置火上，加适量水煮沸，把小白菜末和玉米粉浆下锅，大火煮沸即可。

菠菜土豆肉末粥

材料：新鲜菠菜 50 克，土豆 40 克，蒸熟肉末、大米粥各适量。

做法：

① 将新鲜菠菜洗净，余烫后剁成泥。

② 土豆蒸熟去皮，压成泥状。

③ 将大米粥、熟肉末、菠菜泥、土豆泥一起放入锅内，用小火煮开至煮烂后即可。

蔬菜蛋羹

材料：西蓝花、菜花、西红柿、熟鸡蛋黄各适量。

调料：清高汤、配方奶粉各适量。

做法：

① 将西蓝花、菜花煮熟切末；西红柿去皮切块。

② 蛋黄、清高汤和配方奶粉搅拌均匀，放入西蓝花末、菜花末和西红柿块，盛入容器中，放入蒸锅中蒸至蛋羹熟透即可。

肉末鸡蛋糊

材料：鸡蛋 1 个。

调料：肉末、肉汤各 1 大匙。

做法：

① 将肉末放入锅内，加肉汤煮至汤浓肉烂即可。

② 放入打散后调匀的鸡蛋液，小火煮熟，盛出晾凉即可。

❀ 豆腐糊

材料： 北豆腐 50 克。

做法：

❶ 北豆腐洗净后放入锅中，加适量水，一边煮一边把北豆腐压碎。

❷ 北豆腐煮好后，放入碗中，接着研磨，至北豆腐看似光滑即可。

❀ 苹果藕粉

材料： 苹果 75 克，藕粉 50 克。

做法：

❶ 苹果洗净后去皮，制成泥。

❷ 藕粉中加入适量水调匀。

❸ 锅置火上，加入适量水以大火煮沸，改小火，倒入藕粉，边煮边搅拌。

❹ 煮至藕粉透明后，再加入苹果泥稍煮片刻即可。

❀ 猪肝末煮西红柿

材料： 猪肝 50 克，西红柿 1 个。

做法：

❶ 将猪肝洗净剁碎。

❷ 西红柿洗净，略汆烫后剥去皮切碎。

❸ 将猪肝放入锅内，加入清水煮沸，然后加入西红柿碎煮至熟烂即成。

碎牛肉细面汤

材料： 牛肉 15 克，细面条 50 克，胡萝卜、四季豆各适量。

调料： 柠檬汁、高汤各适量。

做法：

❶ 细面条沸水中煮 2 分钟捞出，切小段备用；牛肉切碎；胡萝卜去皮，切末；四季豆切碎备用。

❷ 将碎牛肉、胡萝卜末、四季豆碎与高汤一起放入另一个锅内，用大火煮沸，然后加入细面条煮至熟烂，加入柠檬汁调味即可。

营养早知道

　牛肉含有丰富的蛋白质，氨基酸的组成比猪肉更接近人体需要，能提高机体抗病能力，对处于生长发育阶段的宝宝特别适合。

虾仁金针面

材料： 龙须面 1 小把，金针菇 50 克，虾仁 20 克，青菜 2 棵。

调料： 植物油、香油各适量。

做法：

❶ 金针菇洗净，切成小段；青菜洗净，切成末；虾仁切成小颗粒。

❷ 锅加植物油烧热，放入金针菇翻炒入味。

❸ 锅中加入水，并放入虾仁和碎菜，水开后下折成小段的龙须面；面熟后，滴入几滴香油即可。

营养早知道

　虾仁富含蛋白质，钙含量也非常丰富，可以促进宝宝骨骼发育，对神经系统的发育也很有益。

11个月：辅食变主食

宝宝辅食添加重点

第 11 个月，正是宝宝断奶的关键时期。妈妈给宝宝提供的辅食不必再做得像以前那么细软了。当然，也有些宝宝可能此时还没有完全断奶，爸爸妈妈对此也不要过于着急。宝宝断奶后，在给宝宝的饮食上，应多提供谷类食品，宝宝日常获取的热量也主要来源于这些谷类食品。

膳食以米、面为主的同时，搭配动物性食品及蔬菜、豆制品等。此时的宝宝由于刚刚断奶，对于新的饮食结构还不是很适应，所以为了提高宝宝的进食兴趣，在食物的制作上可以变换些花样。当然，断奶后配方奶可作为给宝宝补充钙质和其他营养成分的优选食物，让宝宝每天适量饮用。

喂养宝宝小指导

从这个月开始很多宝宝开始脱离母乳了，可以喝配方奶粉来代替母乳。宝宝吃的食物也开始明显增加，基本上和大人吃一样的食物，但仍要比大人的食物略微松软一些。一般宝宝可以吃的主食有米粥、软米饭、面条、包子、饺子、面包等，辅食有蔬菜、水果、肉、蛋、鱼肉等。

宝宝吃的食物虽然已经接近大人的饮食，但最好还是要单独给宝宝烹调，食物尽量弄得细小一点儿，烹制的味道清淡一点儿，这样才能更适合宝宝的饮食需求。

一日营养方案（11月龄）

时间		喂养方案
上午	7：00	母乳喂养或喂约220毫升配方奶
	9：30	鱼肉泥20克，大米稀饭20克，蔬菜碎末20克
	11：00	水果粒20克
下午	13：00～13：30	母乳喂养或喂约220毫升配方奶
	15：00	新鲜果汁100毫升
	17：00	肉馅包子40克
晚间	20：30	喂200～220毫升配方奶

？专家答疑

Q：如何给宝宝断奶？

A：大体来说，可从以下两个方面来给宝宝断奶：首先，要逐渐减少白天喂母乳的次数，然后再过渡到夜间，可用配方奶逐渐取代母乳。其次，断奶期间，最好不要让宝宝看到或触摸到妈妈的乳头，否则很难顺利断奶。另外，一旦断了奶，就不要让宝宝再吃母乳，否则就会前功尽弃。

Q：宝宝偏食怎么办？

A：这个阶段的宝宝身心发育都有了很大的提高，并有了喜厌之分，对食物也不例外；对喜欢的食物，宝宝会多吃一点，而对不喜欢的食物，会少吃甚至不吃。如果宝宝出现这样的饮食情况一两次，可能是正常情况，但宝宝长时间对饮食表现得好恶分明，就有可能要考虑宝宝是不是出现了偏食的情况。宝宝偏食是一种不良的饮食习惯，爸爸妈妈们发现后要及时纠正，

否则不利于宝宝身体发育。一般可以采取以下几点措施进行改善：首先，对于宝宝爱吃的食物，不能放纵地让宝宝吃，最好隔几顿或几天吃一次，期间用其他营养成分相似的食物代替；其次，对于宝宝不喜欢且营养丰富的食物，妈妈需要在加工、烹调方面努力，使食物在色、香、形、味方面吸引宝宝；最后，宝宝不爱吃一些食物，妈妈也不要用强硬的方式逼迫宝宝，以免适得其反，让宝宝更加厌烦。

Q：宝宝边吃边玩怎么办？

A：宝宝边吃边玩，会延长摄入食物的时间，影响消化能力，还会影响到下一餐的摄入量。妈妈可以在食物的做法上，多变些花样，别让宝宝天天吃一模一样的饭菜，以此让宝宝爱上吃饭；也可以创造一个好的用餐环境，让宝宝有好心情来就餐。但不管怎样，妈妈都不能训斥宝宝，以免对宝宝造成负面心理影响。

🥕 宝宝营养餐

山药糯米羹

材料：山药 100 克，糯米 50 克。

做法：

① 糯米淘洗干净，放入清水中浸泡 3 小时。

② 将山药去皮洗净，切成小块；然后与泡好的糯米一起放入搅拌机中打成汁备用。

③ 将糯米山药汁下入锅中煮成羹即可。

栗子红枣羹

材料：栗子 100 克，红枣 20 克。

做法：

① 锅中加水，放入栗子煮熟，趁热去壳及膜，切成豆粒大小。

② 红枣泡软后去皮、去核，切小块备用。

③ 锅内加入适量水，煮沸后加入栗子肉、红枣块，再煮沸改小火煮 5 分钟，搅拌均匀即可。

鱼菜米糊

材料：米粉、鱼肉、青菜各 15 克。

做法：

① 米粉加适量水浸软，搅拌成糊状，倒入锅中加适量水煮沸。

② 将青菜、鱼肉分别洗净、剁成泥，一起放入锅中，煮至鱼肉熟透即可。

◎ 乳酪香蕉糊

材料： 乳酪 25 克，蛋黄 1/4 个，香蕉半根。

调料： 熟胡萝卜泥、配方奶适量。

做法：

❶ 蛋黄压成泥状；香蕉去皮，也压成泥状。

❷ 将蛋黄泥、香蕉泥、胡萝卜泥、乳酪混合在一起，加水调成浓度适当的糊。

❸ 将糊放入锅中煮沸片刻后，加入配方奶即可。

◎ 鸡肉南瓜泥

材料： 去皮南瓜（研碎）、鸡肉末适量。

调料： 虾皮汤适量。

做法：

❶ 往鸡肉末里加入少许虾皮汤煮开，把虾皮捞出切碎。

❷ 南瓜末加适量开水煮软，再加入鸡肉末煮片刻，倒入虾皮末煮至黏稠即可。

◎ 玉米芋头泥

材料： 芋头、嫩玉米粒各 50 克。

做法：

❶ 将芋头去皮，切块，加水煮熟；嫩玉米粒煮熟后放入搅拌器中搅拌成玉米茸。

❷ 将熟芋头块压成泥状，倒入玉米茸拌匀即可。

甘薯粥

材料： 甘薯、大米各 50 克，水 500 毫升。

做法：

① 甘薯洗净后去皮，切成小方块。

② 将甘薯块、大米、水放入锅内，先以大火煮沸，再以小火熬熟即可。

肉蛋豆腐粥

材料： 大米 70 克，猪瘦肉 25 克，豆腐 15 克，鸡蛋 1 个。

做法：

① 猪瘦肉剁泥；豆腐研碎末；鸡蛋去壳，搅散成蛋液。

② 大米加适量水，小火煮至八成熟时放肉泥继续煮至米熟肉烂。

③ 将豆腐末、鸡蛋液倒入肉粥中，大火煮至蛋熟。

鸡肉玉米粥

材料： 鸡胸脯肉（绞肉）20 克，熟米饭 1/2 碗，玉米酱（罐头）20 克。

调料： 水淀粉适量。

做法：

① 鸡胸脯肉加入少许水淀粉拌匀。

② 锅中加入适量水，放玉米酱及鸡胸脯肉煮熟，加入熟米饭煮至粥稠即可。

黑芝麻枸杞粥

材料： 大米 100 克，熟黑芝麻、枸杞子各少许，配方奶粉 2 大匙。

做法：

❶ 大米淘洗干净，加适量清水浸泡 30 分钟。

❷ 将泡好的大米放入锅内，加入适量水，大火煮沸，转小火煮至米粒软烂黏稠。

❸ 加入配方奶粉，撒上熟黑芝麻、枸杞子即可。

薏苡仁百合粥

材料： 薏苡仁、银耳、百合、碎绿菜叶各适量。

做法：

❶ 薏苡仁提前泡 1 天至软；银耳、百合分别放入清水中浸泡 30 分钟。

❷ 薏苡仁加水煮至八成熟，加入泡好的银耳、百合，煮熟后加入碎绿菜叶，煮开即可。

什锦虾仁蒸蛋

材料： 虾仁 60 克，青豆 1 大匙，鲜香菇 1 朵，鸡蛋 1 个，豆腐 40 克。

调料： 柴鱼高汤 2 大匙。

做法：

❶ 虾仁去泥肠切小丁；香菇去根，切小丁；豆腐切丁。

❷ 鸡蛋打散，加入柴鱼高汤拌匀，再放入其他材料，放入蒸锅中，加入适量水蒸熟即可。

⚙ 米粉拌菜叶

材料：米粉 50 克，青菜叶 5 片。

调料：高汤适量。

做法：

① 先将米粉用水调好，再加高汤熬煮 30 分钟。

② 将青菜叶洗净，放入开水锅内煮软，沥干、切碎，加入煮好的米粉，搅拌均匀即可。

⚙ 白菜丝面条

材料：面条 60 克，小白菜叶 50 克。

调料：清高汤适量。

做法：

① 小白菜叶洗净，切丝。

② 面条放进锅里，加适量清高汤，煮沸后转小火续煮 10 分钟。

③ 加入小白菜丝煮熟即可。

⚙ 甘薯泥蒸糕

材料：甘薯泥 1 大匙，鸡蛋 1 个（取蛋黄）。

调料：松饼粉 2 大匙，配方奶粉 1 大匙。

做法：

① 将配方奶粉与蛋黄搅拌均匀，再加入松饼粉搅拌均匀。

② 将甘薯泥与做法 1 中的材料拌匀。

③ 入蒸锅蒸 12 分钟至熟透即可。

12 个月：宝宝开始一日三餐

宝宝辅食添加重点

12 个月龄时，宝宝满周岁了，成长速度明显放缓，整天忙着蹒跚学步、爬这爬那了。此时，经过大半年的辅食喂养过程，大多数宝宝已经可以吃很多种类的辅食了，爸爸妈妈们可逐渐帮宝宝养成以一日三餐为主的进餐习惯，且早、晚以母乳或配方奶作为补充。有条件继续母乳喂养的妈妈不要急着断奶，目前建议母乳喂养可持续到 2 岁甚至更长。

在食物的选择上，爸爸妈妈们应该在日常饮食中为宝宝提供适量的水果、蔬菜和肉类。即使宝宝的牙齿还只有很少的几颗，也可以用牙床咀嚼东西了。建议爸爸妈妈们在饭菜上多做些花样，如做一些较软的面条、肉卷等。此外，

也要按时适量给宝宝喝配方奶，这对宝宝的身体健康成长及大脑发育尤为有益。

喂养宝宝小指导

1 岁左右宝宝的饮食明显地以食物为主，而且需要遵循一日三餐的饮食原则，两餐之间需适量加餐。其中食物的搭配要合理且营养丰富，如蛋白质、糖类、维生素等都必不可少，可以通过各类食物，如谷物、肉、鱼、水果和蔬菜进行补给。

宝宝的饭菜要做得细一些、软一些，做到色、香、味俱佳。每隔 3~4 天就添加一个新品种，要从少量开始，而且要定时定量，把米粥、面食作为主食，在大人进餐时也让宝宝吃饱。不要让宝宝吃零食，早餐或下午 4：00 时，可将配方奶作为宝宝的加餐。

一日营养方案（12月龄）

时间		喂养方案
上午	7：00	喂约150毫升母乳或配方奶、20克麦片
	9：30	饼干20克，母乳或配方奶约150毫升
中午	12：00～12：30	炒菜100克，面食、菜汤各适量
下午	15：30	肉馅面食适量，新鲜水果100克
	18：00	鸡蛋面150克
晚间	21：00	喂约220毫升母乳或配方奶

？专家答疑

Q：周岁宝宝怎样吃水果？

A：大多数水果中含有丰富的维生素，多吃水果对宝宝成长发育非常有好处。对于已满周岁的宝宝，一般可以直接把水果削皮后给他吃，这样口感会更好些。另外，宝宝吃什么水果也没有特别的限制，只要是应季的新鲜水果就可以。但要注意的是，很多水果都有籽，如葡萄、龙眼等，给宝宝吃的时候，要剔除里面的籽，以免影响宝宝的消化。还有一些比较硬的水果，如苹果、梨等，最好切成片后再给宝宝吃。

Q：什么时候能给宝宝喂酸奶？

A：实际上，宝宝并非完全不能喝酸奶，但酸奶

的营养价值低于配方奶粉，所以不宜用酸奶替代配方奶粉。当然，偶尔给宝宝喝一点是可以的，但不能长期给宝宝饮用。另外，宝宝常喝酸奶，还会养成对甜食的偏好。鉴于此，1岁以后添加更为合适。给宝宝选酸奶时要注意，不要将酸奶与乳酸菌饮料或酸奶饮料混淆，因为后两种并非酸奶，而是饮料。

Q: 为什么总觉得宝宝吃不饱？

A: 妈妈一定要在宝宝小时候就帮助宝宝养成良好的进食习惯，这其中也包括养成只在饥饿时进食的习惯。很多大人就是因为有不良的饮食习惯，如吃饭时间不固定，或是感到无聊了就吃东西等，才成为肥胖症患者的。所以，宝宝不饿的时候，妈妈一定不要强迫宝宝吃东西。

如果妈妈也不知道宝宝到底是不是吃饱了，不妨一次多准备几样食物让他挑。如果宝宝只是吃一口就不再吃了，说明他已经饱了，无须再喂，更不要强迫他吃。

Q: 宝宝只爱吃肉不爱吃蔬菜怎么办？

A: 肉类的营养价值很高，是宝宝生长发育所必需的食物，但如果宝宝只爱吃肉而不吃蔬菜的话，就可能会出现一些营养上的问题。要纠正宝宝只爱吃肉的习惯，可以试试下列方法：少用大块肉，尽量将肉与蔬菜混合；利用肉类的香味来改善蔬菜的味道，可有效提高宝宝对蔬菜的接受程度；尽量选购低脂肉类。妈妈要尽量改善蔬菜的烹调及调味方法，把蔬菜做得好吃些。

🥕 宝宝营养餐

栗子粥

材料： 大米适量，栗子 50 克。

调料： 冰糖少许。

做法：

❶ 栗子洗净，去硬膜，放入锅中加适量水煮至软糯，捞出备用。

❷ 大米淘洗干净，入水浸泡约 30 分钟，捞出后放入锅中，再加适量水以大火煮开，接着加入煮软的栗子，改为小火煮至熟烂，最后放入冰糖煮至溶化即可。

营养早知道

将板栗切成两瓣，去掉外壳放入盆里，加开水浸泡片刻后用筷子搅拌，板栗皮就会脱去，但浸泡时间不宜过长，以免营养流失。

牛肉粳米粥

材料： 米粉 20 克，牛肉 25 克，粳米 50 克。

调料： 干淀粉适量。

做法：

❶ 粳米淘洗干净，用清水浸泡一下，捞出沥水；牛肉洗净剁蓉，加入干淀粉拌匀；米粉炒香。

❷ 锅内加入粳米和适量清水用中火煮开，转小火续煮至粳米开花。

❸ 粥熬好后，放入调好的牛肉蓉，再次煮沸，出锅装碗后，加入炒香的米粉即可。

营养早知道

牛肉具有补脾胃、益血气、除湿气、强筋骨等作用，和粳米一起煮成粥，有健脾胃、强筋骨的作用。

南瓜百合粥

材料：鲜百合 10 克，南瓜、大米、糯米各 50 克。

做法：

❶ 南瓜去皮去瓤，切成小丁；大米、糯米淘洗干净；鲜百合剥去外皮，褐色部分去掉，清洗干净备用。

❷ 锅中加入适量清水煮沸，放入淘洗干净的大米、糯米，大火煮 10 分钟左右，再放入南瓜丁、鲜百合煮约 20 分钟，至米熟即可。

火腿玉米粥

材料：大米 150 克，火腿、玉米粒、芹菜、香菜各适量。

调料：盐、香油、高汤各适量。

做法：

❶ 大米浸泡约 30 分钟；火腿切丁；芹菜切末。

❷ 锅内加入高汤煮开，放入大米，先用大火煮开，再用小火熬煮至米熟，倒入火腿丁、玉米粒，煮约 10 分钟，然后加入盐、香油、芹菜末、香菜拌匀即可。

西红柿鳕鱼粥

材料：西红柿 1/5 个，西蓝花 1/2 个，鳕鱼肉 20 克，大米粥适量。

做法：

❶ 西红柿去皮、籽，切成小块；西蓝花煮软切碎；鳕鱼煮熟去皮、刺，撕碎。

❷ 将大米粥和其他材料放在碗中搅拌，在锅中加热 5 分钟即可。

鲜虾米粉泥

材料： 鲜虾 50 克，米粉 3 大匙。

调料： 香油、盐各少许。

做法：

① 鲜虾去皮，去虾线，洗净，捣碎。

② 碎虾肉加适量水和米粉，上蒸锅以中火蒸熟。

③ 加入香油、盐搅拌均匀即可。

酸奶土豆泥

材料： 土豆 1/4 个。

调料： 酸奶 2 匙。

做法：

① 将土豆蒸熟，用勺背压成泥，也可以做成宝宝喜欢的动物形状。

② 土豆泥晾凉后在上面淋上酸奶即可。

黑豆鸡蛋粥

材料： 黑豆 100 克，黑米 30 克，黑芝麻 20 克，鸡蛋 1 个，冰糖适量。

做法：

① 鸡蛋煮熟去壳；黑豆、黑米、黑芝麻分别淘洗干净。

② 锅内加入适量水，放入黑豆、黑米及黑芝麻，用大火煮沸后改用小火炖 35 分钟。

③ 加入冰糖、鸡蛋拌匀即可。

胡萝卜豆腐泥

材料： 胡萝卜 30 克，豆腐 50 克。

调料： 海带汤适量。

做法：

❶ 胡萝卜洗净后切成薄片，煮熟，碾碎成泥。

❷ 豆腐用沸水汆烫一下，捞出，用叉子挤成碎泥。

❸ 锅置火上，倒入海带汤，放入胡萝卜泥和豆腐泥，煮至烂熟即可。

丝瓜香菇汤

材料： 丝瓜 100 克，香菇 30 克，葱、姜各适量。

调料： 植物油少许。

做法：

❶ 丝瓜去皮、籽洗净，切片；香菇泡软去蒂，洗净切丝；葱、姜剁细末。

❷ 锅加植物油烧热，放香菇炒一下，加清水煮沸，加入丝瓜片、香菇丝、葱末、姜末，煮熟即可。

水果豆腐

材料： 嫩豆腐 30 克，草莓 15 克，去皮橘子 3 瓣，西红柿 15 克。

做法：

❶ 豆腐入沸水中汆烫至熟，捣成泥。

❷ 草莓洗净，去蒂，切碎；橘子切碎；西红柿去皮、切碎。

❸ 将所有材料倒入碗中拌匀即可。

鲜香炖鸡

材料： 鸡胸脯肉 1 块，胡萝卜 1 根，豌豆、香菇适量。

做法：

❶ 鸡胸脯肉洗净切丁；胡萝卜洗净去皮，切丁；香菇泡软洗净，去蒂切丁。

❷ 砂锅内放油烧热，放入鸡肉丁，略翻炒后加入胡萝卜丁、香菇丁和适量水，充分搅拌后盖上盖子；小火炖 20 分钟左右，放入豌豆，再煮 5 分钟即可。

油煎鸡蛋面包

材料： 全麦面包 1 片，鸡蛋 1 个。

调料： 植物油少许。

做法：

❶ 鸡蛋打散取蛋液；煎锅中放入油加热。

❷ 面包两面蘸上鸡蛋液，放入热油中煎至金黄。

❸ 用吸油纸吸去面包上多余的油，再将面包切成手指形即可。

鸡肉蛋汁面

材料： 挂面、鸡肉末各 20 克，胡萝卜泥、菠菜末各 10 克，鸡蛋 1 个（打散）。

调料： 清高汤适量。

做法：

❶ 挂面折成短条，用清高汤煮熟。

❷ 把鸡肉末、胡萝卜泥、菠菜末一起放入清高汤中，加入蛋液搅匀，小火煮至鸡蛋熟即可。

❀ 小白菜鱼泥凉面

材料： 面条 20 克，小白菜叶 1 片，鳕鱼 10 克，西红柿 1 个，蛋黄泥、清高汤各适量。

做法：

❶ 将面条切成小段，煮熟后过凉水，放入盘中；小白菜煮软后切碎末；鳕鱼煮熟，去皮、骨后捣成泥。

❷ 西红柿去皮切丁，与鳕鱼泥、蛋黄泥、小白菜末、面条一同浇上清高汤即可。

❀ 鱼肉馅馄饨

材料： 鱼肉 20 克，馄饨皮适量。

调料： 香油、清高汤各适量。

做法：

❶ 取鱼肉去除鱼刺，剁碎后加入适量水，与香油拌成馅，包入馄饨皮中，捏成馄饨。

❷ 把包好的馄饨放入煮沸的清高汤中煮熟即可。

❀ 菠菜汤米粉

材料： 菠菜叶 5 片，米粉适量。

做法：

❶ 菠菜叶洗净后入沸水中焯熟，再加少许开水捣烂。

❷ 待水凉，滤出菠菜汁，再用菜汁冲调米粉即可。

❀ 果仁黑芝麻糊

材料： 核桃仁、花生仁、腰果、黑芝麻、麦片各 50 克。

做法：

❶ 先将核桃仁、花生仁分别炒熟，研碎；腰果泡 2 小时后，切碎；黑芝麻炒熟，研碎。

❷ 将麦片加适量清水，放在锅中用大火煮沸，放入核桃仁末、花生仁末、腰果末转小火煮 5 分钟。

❸ 最后放入黑芝麻末搅拌均匀即可。

营养早知道

核桃仁中的各种氨基酸是组成人体蛋白的原料，对大脑发育有好处，所以常给宝宝吃核桃仁能促进智力发育。

❀ 香甜翡翠汤

材料： 鸡肉、豆腐各 20 克，西蓝花 10 克，香菇 1 朵，鸡蛋 1 个，高汤适量。

做法：

❶ 香菇洗净，切碎末；鸡肉洗净后切末；西蓝花洗净，用沸水汆烫熟，切碎；豆腐洗净，压成豆腐泥；鸡蛋打散，搅匀。

❷ 高汤加水，以大火煮沸后，下入香菇末和鸡肉末。

❸ 再次煮沸，下入豆腐泥、西蓝花碎和蛋液焖煮 3 分钟左右即可。

营养早知道

香菇与豆腐一起烹调，有利于脾胃虚弱、食欲不振的宝宝更好地吸收营养，而且也有利于宝宝对钙的吸收和利用。

◎ 鲜肉馄饨

材料： 鲜肉末 1 大匙，小馄饨皮 6 片，肉汤适量，葱末适量。

做法：

① 将鲜肉末、葱末拌成肉馅，包于馄饨皮中，捏成馄饨。

② 用肉汤煮至馄饨熟即可。

◎ 南瓜面条

材料： 南瓜 40 克，面条 80 克。

做法：

① 南瓜洗净，去皮，切成小丁，煮熟；面条放入锅中煮至八成熟。

② 将南瓜丁倒入面条中，一边煮一边搅拌，稍煮片刻即可。

◎ 肉泥米粉

材料： 猪瘦肉 50 克，米粉 100 克。

调料： 香油少许。

做法：

① 将猪瘦肉洗净后剁成泥，加入米粉和香油，搅拌均匀成肉泥。

② 将肉泥加少许水后放入蒸锅，以中火蒸 7 分钟至熟烂即可。

第二章

营养餐：
1~3岁"小淘气"的
成长助推器

1岁以后，宝宝的日常饮食由以奶为主逐渐过渡到以粮食、奶及奶制品、蔬菜、鱼肉、蛋为主。这一时期，爸爸妈妈一定要注意宝宝饮食中营养的均衡搭配，同时也要注意，虽然宝宝已经能吃一般的食物了，但成人的食物对宝宝来说还是难以吞咽、不易消化，且盐的分量偏大，因此宝宝餐应单独烹制。

1～3岁宝宝的智能、身体发育特点

感官发育

宝宝长到1岁至1岁半时已经发生了很大的变化，现在已经会说很多话了，虽然句子说得不完整，但足以表达自己的需要。

宝宝1岁半至2岁时，随着月龄的不断增加，语言能力的发展速度也非常快。语言能力强的宝宝1岁半时，已能说出100多个词语了。宝宝的语言模仿能力也变得十分惊人。

2岁至2岁半的宝宝已经能完整地表达自己的需要了。

3岁的宝宝已经能够使用自己特有的语言方式和大人进行交谈了。

心理发育

1岁至1岁半的宝宝有时非常独立，有时又强烈地依赖父母。

1岁半至2岁半的宝宝可以和其他宝宝在一起玩耍了，但是不允许别人碰自己的东西。

2岁半至3岁的宝宝更关心自己的需要，而且行为也更加"自私"，因为他不理解其他人在这种情况下的感受，认为每一个人的感受都与他完全一样。

动作发育

1岁至1岁半的宝宝走路已经比较稳了，但容易被绊倒。

1岁半至2岁的宝宝模仿能力增强。宝宝可能会开关冰箱门，也可能把椅子推来推去，甚至跟大人一样拿着抹布擦东西，并喜欢自己洗手、自己穿衣服等。

宝宝2岁至2岁半时，总是不停地运动，比如跑、踢、爬、跳。随后的几个月，他跑起来会更稳。

2岁半至3岁的宝宝，运动能力已经非常强了，由于这个时期的宝宝运动量较大，因此肌肉也变得结实、有弹性了。

这一时期宝宝的喂养重点

1岁至1岁半的宝宝对各种营养的需要量仍然较高,在饮食结构上,应该由以奶为主逐渐过渡到以粮食、奶及奶制品、蔬菜、鱼肉、蛋为主的混合饮食。另外,这时期的宝宝咀嚼能力还不够发达,所以宝宝的食物应单独加工、烹调,加工要细,体积不宜过大,要少用油炸的烹调方式。此外,宝宝1岁后可以多吃些水果,且以当季水果为宜。

从1岁半开始,宝宝饮食的种类和制作方法也开始向成人过渡,但此时宝宝仍不能完全吃大人的食物,制作的食物要易消化、软硬适度。这一阶段的宝宝饮食主要以混合食物为主,保证膳食均衡。

2岁以后的宝宝,在饮食上可以增加更多的食物种类,以保证饮食均衡,进餐规律。另外,这一阶段的宝宝虽然消化能力明显增强,但食物仍应与大人有所区别,在烹调食物时要细软,易于咀嚼和消化,并且少放调味品。

2岁半至3岁的宝宝一般已长出20颗牙齿,咀嚼能力增强,大人的许多食物他们也都可以吃了。另外,此阶段的宝宝生长发育处于快速期,腹部、背部等部位的肌肉较为发达,因此,要注意给宝宝补充充足的营养素,以免由于营养缺乏而诱发贫血或佝偻病。

一日营养方案（1~3岁）

1岁至1岁半宝宝一日营养方案

时间		喂养方案
上午	8：30	温开水100毫升
	9：00	面包2片、配方奶或母乳250毫升、小苹果1个
中午	12：00	米饭1/3碗、鸡蛋1个、儿童肠1/2根、蔬菜适量
下午	15：00	饼干3～5片、配方奶或母乳200毫升
	18：00	米饭1/3碗、鱼肉、猪瘦肉或蔬菜适量
晚间	21：00	配方奶或母乳200毫升

1岁半至2岁宝宝一日营养方案

时间		喂养方案
上午	8：00	100毫升温开水
	8：30	酸奶1杯、面包1片或面条1小碗
	10：00	配方奶或母乳150毫升、小点心1块
中午	12：00～12：30	米饭1/2碗、鱼（接近成人量）、蔬菜适量
下午	15：30	香蕉或苹果100克、煮鸡蛋1个，配方奶或母乳120毫升
	18：00	米饭1/3碗、鱼（接近成人量）或红肉（成人量的1/3）、蔬菜适量
晚间	21：00	配方奶或母乳200毫升

2岁至2岁半宝宝一日营养方案

时间		喂养方案
上午	8：00	温开水100毫升
	8：30	馒头50克、米粥100克、炒菜1小碗
	10：00	配方奶150毫升、蛋糕2块
中午	12：00～12：30	软米饭1/2碗、肉类食物100克、蔬菜汤1小碗
下午	15：00	面包2片、酸奶100毫升、水果50克
	18：00	米饭1/2碗、炒菜120克
晚间	21：00	配方奶250毫升，点心2块

2 岁半至 3 岁宝宝一日营养方案

时间		喂养方案
上午	8：00	100 毫升温开水
	8：30	配方奶 150~200 毫升、蛋糕 80 克、果酱 10 克、炒菜 1 小盘
中午	12：00 ~ 12：30	馒头 60 克、肉炖汤 100 毫升
下午	15：30	豆奶 200 毫升、面包 2 片、水果 100 克
	18：00	蔬菜馅饼 100 克、米粥 1 碗
晚间	21：00	配方奶 250 毫升

宝宝日常进食注意事项

控制盐的摄入量

此时期，多数宝宝已经开始吃和大人一样的食物了，所以在做饭的时候一定要考虑宝宝的健康需求，尽量控制盐的用量。成人每天盐的摄入量应控制在 4 ~ 6 克，宝宝应该低于这个标准。如果现在不控制盐的摄入，会使宝宝养成偏重的口味，摄入过多的盐以后，患上高血压的概率会大大增加。因此，为了让宝宝从婴幼儿时期就习惯淡味食物，应该把正餐做得稍微淡一些。

不吃有损大脑发育的食物

合理地给宝宝补充一些营养食物，可以起到健脑益智的作用。反之，如果不注意食物的选择，宝宝想吃什么就让他吃什么，则可能会有损大脑的发育。那么，哪些食物有损大脑发育呢？

过咸食物。过咸食物会损伤动脉血管，影响脑组织的血液供应，对宝宝的大脑发育不利。

含过氧化脂质的食物。腊肉、熏鱼等在油温 200℃以上煎炸或长时间暴晒的食物中含有较多的过氧化脂质，会损伤大脑的发育，应少给宝宝吃。

含铅食物。铅会杀死脑细胞，损伤大脑。

传统方法制作的爆米花、松花蛋等食物含铅较多，妈妈应尽量少给宝宝食用。

宝宝身体不适时的辅食添加原则

多补充水分。要多次少量给予，不要一次给宝宝喝太多水。

给易消化的食品。应喂食较易消化的食物，以免刺激宝宝脆弱的肠胃。

注意培养宝宝的进餐习惯和礼仪

1岁以后，宝宝可以正式和大人同桌进餐了，因此，全家人应该为宝宝树立一个良好的进餐榜样，特别是不能在进餐时开着电视。因为如果进餐时开着电视，全家人的目光难免就会专注于电视，而无法与宝宝互相沟通。即使是宝宝不喜欢食物的味道或吃了不该吃的食物，家长也意识不到，这会使家长对宝宝进餐的关心变得淡薄。更加严重的是，这样很容易让宝宝养成吃饭不专心的习惯，所以进餐时间一到，应该关掉电视，全家人一起享受进餐的乐趣。

此外，这个时期的宝宝已经可以很好地和家人交流了，所以进行进餐礼仪的教育会容易许多。进餐前，要告诉宝宝："咱们吃饭了！所以先把小手洗干净。"要教育宝宝进餐时嘴巴含着东西不可以说话；咀嚼时不要发出"吧唧"的声音；喝汤时不可发出"咕噜"的声音等。这一切都需要家长做好表率，让宝宝自觉学会。宝宝吃完饭后，要让宝宝将自己的餐具拿到洗碗池中，以培养他的好习惯。

❓专家答疑

Q: 宝宝吃饭不规律怎么办?

A: 宝宝不能定时定量进食,可能是没有养成规律的生活习惯所致。所以,妈妈帮助宝宝建立正常规律的饮食"生物钟"非常重要,它是反映宝宝是否健康的基本标志,妈妈应抓紧时间进行训练。比如,妈妈可以为宝宝制定一个生活时间表,每天严格安排宝宝的饮食。此外,要训练宝宝建立规律的饮食"生物钟",必须使胃定时排空,控制零食的摄入量。如果没到吃饭时间,宝宝饿了,但还不是很饿的话,不妨采用给宝宝讲故事、听音乐等方法分散宝宝的注意力,到吃饭的时候再进食。

Q: 宝宝吃水果越多越好吗?

A: 水果虽好,但也不可过量食用。家长给宝宝吃水果时应注意以下几点:购买水果时应首选当季水果,每次买的数量也不要太多,随吃随买,防止储存时间过长,导致水果的营养成分降低甚至霉烂;饱餐之后不要马上给宝宝吃水果,餐前也不是吃水果的最佳时间,把吃水果的时间安排在两餐之间,如午睡醒来之后,给宝宝吃一个苹果或橘子就很好;水果不能代替蔬菜,

因为水果与蔬菜的营养成分不完全相同,所以二者不可完全互相代替。

Q: 可以给宝宝添加补品吗?

A: 不可以。我们通常说的补,都是因为体虚,而宝宝年幼,各种器官功能相当薄弱,但这并不是虚,而是宝宝的脏器发育尚未成熟,随着宝宝的生长发育,会展现勃勃生机。而且,每个宝宝的生长发育有着自身的规律,不能随意地改变,宝宝并不是虚,也不需补。另外,宝宝的脾胃还比较薄弱,如补品中含有熟地黄、龟板、鳖甲、首乌等中药成分,服用后可能导致上腹胀满、食欲减退、腹泻或便秘等消化道问题。

Q: 宝宝可以吃较硬的食物吗?

A: 应该说,1岁半至2岁的宝宝已经发育得比

较健全了, 有了一定的咀嚼和消化能力, 所以宝宝能适当接受碎块状食物, 这时可以适当给宝宝喂食一些较硬的食物了。这样做对于宝宝的生长发育及补充营养都有好处, 而且还能锻炼宝宝吃更丰富的食物。另外, 对于这些较硬的食物, 一般应该在两餐中间给宝宝吃, 正好可以让宝宝磨磨牙床, 增强咀嚼能力, 也能让宝宝尝试一点儿乐趣, 还可以作为宝宝的一种饮食补充。

Q: 为什么不能经常给宝宝吃菜汤拌饭?

A: 许多妈妈为了图方便, 而且认为菜汤美味可口, 喜欢用汤拌饭给宝宝吃, 其实这种做法不利于宝宝的身体健康, 一般不建议给宝宝用这种吃法。因为菜汤里带有炒菜时的调味料, 比炒熟的蔬菜含盐量大, 而宝宝肾脏功能发育还不完全, 无法排解大量的盐分, 这种吃法易加重肾脏负担, 不利于身体健康, 而且菜汤里含有太多的油, 宝宝吃后也易造成肥胖, 因此, 不宜常用各种菜汤给宝宝拌饭吃。

Q: 如何锻炼宝宝在餐桌上吃饭的能力?

A: 让宝宝在餐桌上吃饭, 不但可以改掉宝宝"边吃边玩、让妈妈追着喂"的坏习惯, 还能帮宝宝逐步养成良好的进餐习惯, 也有利于增进亲子感情。想要锻炼宝宝在餐桌上吃饭的能力, 可以参照下边的方法:

首先, 给宝宝准备与大人一样的饭菜。现在这个阶段, 宝宝可以吃饭桌上的大部分饭菜了。因此, 妈妈要尽量根据宝宝一日三餐的要求来做饭菜, 这样还能够提高宝宝的进餐兴趣。

其次, 为宝宝准备专用的餐椅。宝宝此时的身体已经发育得很好, 完全能够支撑自己端坐在椅子上, 因此妈妈要为宝宝准备好一个专用的餐椅。这样做, 不但能让宝宝和父母在一张桌子上吃饭, 而且还能培养宝宝形成有规律的进餐时间, 防止宝宝淘气不吃饭, 对培养宝宝良好的进餐习惯非常有利。

最后, 可以让宝宝吃饱后先离开餐桌。当宝宝吃饱后, 妈妈就可以让宝宝先离开餐桌了。但是, 一定要避免宝宝还没吃完就离开餐桌。这个阶段的宝宝基本都很贪玩, 很难安静地长时间待在一个地方。如果宝宝确实不听"劝告", "一意孤行"的话, 妈妈也不要强制他吃饭, 可以让宝宝稍玩一会儿再吃, 但要逐渐减少这种情况的发生频率。

 健康菜肴

 宝宝营养餐

三色豆腐虾泥

材料：豆腐50克，虾30克，胡萝卜1/3根，油菜2棵。

调料：盐、香油各少许。

做法：

① 豆腐洗净，压成豆腐泥；虾去头、壳及虾线，剁成虾泥；胡萝卜洗净，去皮后切碎；油菜洗净，用沸水汆烫一下，切成碎末。

② 锅置火上，倒入适量香油烧热，加入胡萝卜末煸炒至半熟时，再放入豆腐泥和虾泥炒至八成熟时，加入油菜末炒匀，调入盐即可。

爆炒三丁

材料：豆腐、黄瓜各200克，鸡蛋1个（取蛋黄）。

调料：盐、水淀粉、葱花、姜末各适量。

做法：

① 豆腐、黄瓜均洗净，切丁。

② 鸡蛋黄打入碗中，倒入抹油的盘内，上锅蒸熟后切成小丁。

③ 锅置火上，加适量油烧热，加入葱花、姜末爆香，再放入豆腐丁、黄瓜丁、蛋黄丁翻炒。

④ 加适量水及盐，烧透入味，用水淀粉勾芡即成。

❂ 紫薯肝扒

材料： 紫薯 250 克，猪肝 100 克，西红柿 2 个，面粉 50 克。

调料： 生抽、水淀粉各适量。

做法：

① 猪肝洗净，放入生抽腌渍 10 分钟，再切成碎粒。

② 紫薯洗净，煮软，压成泥，加入猪肝粒、面粉搅拌成糊，捏成厚块。

③ 锅置火上，加入适量油烧热，下入厚块，煎至两面呈金黄色。

④ 西红柿洗净，用开水烫一下，去皮，切块，放入锅中略炒，用水淀粉勾芡，淋在肝扒上即可。

❂ 三色鱼丸

材料： 净鱼肉 300 克，胡萝卜、莴笋各 1/2 根，鸡蛋 1 个（取蛋清），葱段、姜汁各适量。

调料： 水淀粉、盐各少许，干淀粉、高汤各适量。

做法：

① 鱼肉洗净，剁成泥，加入盐、蛋清、姜汁和干淀粉拌匀，用手挤成丸状。

② 锅置火上，加适量水，投入鱼丸，待鱼丸熟时捞出。

③ 胡萝卜、莴笋均洗净，削皮，切丁，放入沸水锅中煮熟。

④ 锅中放油烧热，倒入高汤，加盐调味，再放入鱼丸、胡萝卜和莴笋煮沸后，用水淀粉勾芡，撒入葱段即可。

果汁瓜条

材料：冬瓜 30 克，果汁适量。

调料：淡盐水少许。

做法：

① 冬瓜去皮去瓤洗净，切细长条，在淡盐水中浸泡 5 ～ 10 分钟。

② 捞出瓜条后沥干净水，放到果汁中浸泡 4 ～ 5 小时（果汁须没过瓜条）后即可。

橙汁茄条

材料：茄子 1 个。

调料：橙汁、干淀粉、水淀粉各适量。

做法：

① 茄子去皮洗净，切成长条，加入少许干淀粉抹匀。

② 油锅烧热，下入茄条炸至定型，捞出沥油，备用。

③ 锅中加入少许清水煮沸，先放入橙汁，再下入茄条烧至入味，然后用水淀粉勾薄芡，翻拌均匀即成。

茄子泥

材料：茄子 100 克。

调料：盐少许。

做法：

① 茄子洗净后去皮，切成细条。

② 蒸锅置火上，加适量水，放入茄子条，蒸至熟烂。

③ 将熟烂的茄子碾成茄泥，加入少许盐调味即可。

◎ 玉米粒拌油菜心

材料： 玉米粒 30 克，油菜心 20 克。

调料： 香油、盐各少许。

做法：

① 将玉米粒、油菜心洗净后，入沸水中煮熟捞出装盘。

② 然后在玉米粒和油菜心中拌入香油和盐即可。

贴心小叮咛

给宝宝吃玉米粒一定要小心，防止噎到宝宝。

◎ 鱼肉拌茄泥

材料： 净鱼肉 30 克，茄子半个。

调料： 香油、盐少许。

做法：

① 茄子洗净，蒸熟，切成几块，去皮，压成茄泥，晾凉。

② 鱼肉洗净，切成小粒，入沸水中汆烫熟后压成泥。

③ 将茄子泥与鱼肉泥混合，加入少许香油、盐拌匀即可。

◎ 肉炒茄丝

材料： 茄子丝 150 克，猪瘦肉丝 50 克。

调料： 盐、葱末、姜末、蒜末各少许。

做法：

① 锅置火上，放适量油烧热，加入葱末、姜末爆香，放入猪瘦肉丝煸炒片刻，盛出。

② 再向锅中倒入适量油烧热，加入茄子丝，调入盐，倒入猪瘦肉丝一起炒，快熟时加蒜末炒匀即可。

西红柿香菇美玉盅

材料： 西红柿 1 个，胡萝卜丁、山药丁、香菇丁、青椒丁、黑木耳丁各适量。

调料： 盐少许。

做法：

① 西红柿洗净，挖掉果肉，稍烫。

② 将所有丁汆烫，捞出；锅入油烧热，放入上述材料炒熟成馅，填入西红柿壳内，盖上盖子即可。

百合柿饼煲鸽蛋

材料： 百合、柿饼各适量，鸽蛋 2 个。

调料： 冰糖适量。

做法：

① 百合洗净；鸽蛋煮熟，去壳。

② 锅置火上，加适量清水，以大火煮沸，下入百合、鸽蛋和柿饼。

③ 以小火煲至百合熟透，调入冰糖即可。

蛋皮虾仁如意卷

材料： 鸡蛋 1 个，虾仁末 20 克，豆腐泥 40 克，葱末适量。

调料： 盐、水淀粉各适量。

① 鸡蛋打散，摊成蛋皮；其余材料加油、盐和水淀粉搅匀成馅。

② 将馅抹在蛋皮上，卷好蒸熟即可。

猪肝圆白菜

材料： 豆腐泥 50 克，猪肝泥 30 克，胡萝卜 1/2 根，圆白菜叶半片。

调料： 肉汤、干淀粉、盐各适量。

做法：

❶ 胡萝卜洗净，煮熟，切碎；圆白菜叶入沸水中氽烫，捞出，备用。

❷ 将猪肝泥和豆腐泥混合拌匀，加入碎胡萝卜和少许盐做成馅，放在圆白菜叶中间。

❸ 将圆白菜卷起，用干淀粉封口，放肉汤中煮熟即可。

贴心小叮咛

猪肝切碎拌上植物油，在冰箱中存放几天，仍可保持新鲜。

五彩鸡丝

材料： 鸡胸脯肉 200 克，香菇丝、胡萝卜丝、青椒丝各 30 克，鸡蛋 2 个（其中 1 个取蛋清）。

调料： 高汤、盐、水淀粉各适量。

做法：

❶ 鸡胸脯肉切丝，加盐、蛋清、水淀粉拌匀；将另一个鸡蛋摊成蛋皮，晾凉后切成丝。

❷ 锅内放油，油热后下鸡丝煸炒，熟后将香菇丝、胡萝卜丝、青椒丝一起下锅煸炒一下备用。

❸ 锅内加入高汤，大火煮开，放入煸炒过的材料和蛋皮丝煮开后加盐调味，用水淀粉勾芡即可。

❀ 西红柿汁虾球

材料: 虾仁 200 克,西红柿末、黄瓜丁适量。

调料: 盐、葱花、姜末、干淀粉各适量。

做法:

① 虾仁去虾线洗净,剁碎末,加入干淀粉、盐,拌匀制成虾球,入热水氽烫至熟。

② 将西红柿末、葱花、姜末入锅烹出红汁,加入少量水后制成西红柿汁。将虾球、黄瓜丁放入即可。

❀ 日式蒸蛋

材料: 鸡肉丁 75 克,鸡蛋 2 个,冬菇片 60 克,蟹柳 1 条。

调料: 干淀粉、盐、香油、生抽各适量。

做法:

① 鸡肉丁加入生抽、干淀粉、香油拌匀;鸡蛋磕入碗中,打散,调入香油、盐;将鸡肉丁、蟹柳、冬菇片一起放入碗中,倒入鸡蛋液,用小火蒸 4 分钟。

② 每蒸 2 分钟将锅盖打开 1 次,直到蒸熟。

❀ 清炒莴笋丝

材料: 莴笋 200 克。

调料: 盐、花椒粒各适量。

做法:

① 莴笋去皮、叶,洗净后切成丝。

② 锅中热油,放入花椒粒炸香,再倒入莴笋丝,翻炒片刻后加盐快炒几下即可出锅。

◎ 炖五丁

材料： 西红柿约半个，黄瓜约 1 小根，青椒约 1 个，洋葱约 1/3 个，茄子约 1/4 个。

调料： 盐少许。

做法：

❶ 上述材料均切丁；锅置火上，放适量油加热，先放入洋葱丁翻炒，再加入其他蔬菜丁略加翻炒。

❷ 加水盖盖，用小火煮 20 分钟至菜烂，加盐调味即可。

◎ 虾米肉丝

材料： 猪瘦肉丝、白菜丝各 200 克，虾米 30 克。

调料： 高汤、水淀粉、干淀粉、盐、料酒各少许。

做法：

❶ 虾米水发，切末；猪瘦肉丝加入干淀粉、盐上浆。

❷ 油锅烧热，下入猪瘦肉丝炒至变色，然后下白菜丝、虾米末煸炒，加入高汤焖透，加入料酒、盐，淋入水淀粉勾芡，略炒几下即可。

◎ 香菇蒸蛋

材料： 鸡蛋 1 个，干香菇 2 朵。

调料： 生抽少许。

做法：

❶ 干香菇用冷水浸泡后去蒂洗净，切细片。

❷ 鸡蛋磕入碗中，打散，加入水、香菇片拌匀，加入少许生抽调味。

❸ 将蛋液放入锅中蒸熟即可。

爆炒五丝

材料： 莴笋丝100克，猪瘦肉丝、胡萝卜丝、土豆丝、香菇丝各50克，鸡蛋1个（取蛋清），葱花适量。

调料： 水淀粉、干淀粉、盐、姜汁各适量。

做法：

① 猪瘦肉丝加入盐、鸡精、蛋清、干淀粉拌匀，腌渍20分钟。

② 锅置火上，加入适量油，烧热，放入猪瘦肉丝滑散，煸熟。

③ 放入葱花、姜汁，加入其余食材翻炒片刻，加盐调味，用水淀粉勾芡即成。

时蔬杂炒

材料： 土豆300克，蘑菇100克，胡萝卜50克，山药20克，水发黑木耳适量。

调料： 高汤、香油、水淀粉、盐各适量。

做法：

① 所有材料均洗净切成片。

② 炒锅放油烧热，加入胡萝卜片、土豆片和山药片煸炒片刻。

③ 放入适量高汤煮开，再加入蘑菇片、黑木耳片和盐调味，烧至材料酥烂，用水淀粉勾芡，淋上少许香油即可。

双菇炒丝瓜

材料： 鲜口蘑片、香菇片各60克，丝瓜1根。

调料： 姜末、盐各适量。

做法：

① 丝瓜去皮，洗净后切小段。

② 锅内热油，下入姜末炝锅，放入口蘑片和香菇片煸炒，加入适量水炖煮。

③ 水煮沸后倒入丝瓜段，加盐烧至汤浓入味即可。

猪肝炒碎菜

材料： 猪肝丁25克，菠菜1棵。

调料： 盐适量。

做法：

① 菠菜用清水洗净，入沸水中汆烫片刻，沥干，切碎。

② 锅置火上，加油烧热，加入猪肝丁翻炒至半熟，再加入菠菜碎、少量水煮熟即可。

肉末香干炒油菜

材料： 香干150克，油菜100克，猪瘦肉末50克。

调料： 高汤、盐各少许。

做法：

① 香干切丝；油菜洗净，切段。

② 锅置火上，加油烧热，下猪瘦肉末煸炒片刻，加香干丝炒匀，倒入高汤烧片刻，再投入油菜段翻炒，加盐调味即可。

四色炒蛋

材料： 鸡蛋 2 个，甜青椒、甜红椒各 1/2 个，黑木耳 150 克，葱花、姜各适量。

调料： 盐、香油、水淀粉各适量。

做法：

① 甜青椒、甜红椒切块；黑木耳去根切块。

② 将鸡蛋的蛋清和蛋黄分别打在两个碗内，并各自加入少许盐搅匀。

③ 锅置火上，放入适量香油烧热后分别炒蛋清和蛋黄，盛出。

④ 再起香油锅，爆香葱花、姜末；放入甜青椒块、甜红椒块、黑木耳块翻炒快熟时，加入少许盐调味。

⑤ 倒入炒好的蛋清、蛋黄炒匀，用水淀粉勾芡即可。

青椒炒肝丝

材料： 猪肝 200 克，甜青椒 1 个，葱花、姜丝适量。

调料： 白糖、干淀粉、水淀粉、香油、料酒、盐各适量。

做法：

① 猪肝洗净后切丝，用干淀粉、料酒抓匀。

② 甜青椒洗净，去蒂及籽后切丝。

③ 锅置火上，加油烧热，放入猪肝丝滑散，捞出。

④ 锅内留少许底油，撒入葱花、姜丝爆香，放入甜青椒丝拌炒，加白糖、盐及少许清水煮沸，用水淀粉勾芡，倒入猪肝丝翻炒，淋入香油即可。

（妈妈喂养经）

开始喂宝宝固体食物时，建议每次只添加少量单一种类食物，几天后再添加另外一种。

花样主食

宝宝营养餐

什蔬饼

材料：面粉50克，西葫芦、胡萝卜、西红柿各60克，鸡蛋1个。

调料：盐少许。

做法：

❶ 西葫芦、胡萝卜均洗净，去皮，擦成丝；西红柿洗净，汆烫一下后去皮，切丁。

❷ 鸡蛋磕碎，打入面粉中，加少许盐调成糊状。

❸ 将西葫芦丝、胡萝卜丝及西红柿丁均放入面糊中混合均匀。

❹ 锅置火上，放入少许油烧热后，倒入面糊煎熟即可。

鸡汤馄饨

材料：馄饨皮6张，肉末30克，白菜50克，香菜叶少许。

调料：鸡汤少许。

做法：

❶ 将白菜和香菜叶洗净切碎，与肉末搅拌均匀，做成馄饨馅。

❷ 用馄饨皮将馅包好。

❸ 锅内加水和鸡汤，大火煮沸后放入馄饨，盖上锅盖，煮熟即可。

爱心饭饼

材料：米饭 100 克，紫菜（干）10 克，火腿 1 根，黄瓜 100 克，鳗鱼 80 克。

调料：盐适量。

做法：

❶ 火腿和黄瓜分别切成方形的小条，入沸水中汆熟，加盐调味；鳗鱼切片后调味。

❷ 准备一张保鲜膜，平铺开，铺上一层紫菜，在紫菜上面均匀地铺上一层白饭，用饭勺压紧，接着摆火腿条、黄瓜条、鳗鱼片。

❸ 将保鲜膜慢慢卷起，卷的时候要捏紧，用保鲜膜包住之后冷冻，食用前切成 0.8 厘米厚的片，用微波炉加热即可。

家常炒面

材料：油面 150 克，猪里脊肉 80 克，鲜香菇 2 朵，胡萝卜 60 克，绿豆芽 50 克，洋葱、蒜、葱各适量。

调料：酱油、盐、水淀粉各适量。

做法：

❶ 猪里脊肉切丝，加入酱油、水淀粉拌匀，腌 10 分钟；绿豆芽洗净；葱切段；洋葱、胡萝卜去皮，切丝；香菇去蒂，切丝；蒜切末，加酱油、水淀粉混合调成味汁，放香菇丝腌渍。

❷ 锅中加水煮开，放油面煮后捞出过凉水，沥干。

❸ 锅中油烧热，爆香葱段、洋葱，放入肉丝、绿豆芽及胡萝卜丝炒香，加入少许酱油、盐和做法 1 中的香菇蒜汁煮开，加入油面炒至汤汁收汁即可。

莜麦蛋饼

材料： 莜麦面30克，鸡蛋1个，碎菜20克。

调料： 葱花、盐各少许。

做法：

① 将莜麦面与蛋液、碎菜、葱花、盐混合拌匀，做成面饼，要注意做到厚薄均匀。

② 平锅置火上，放适量油烧热，摊上面饼煎熟即可。

鸡丝油菜面片

材料： 鸡肉50克，面片60克，嫩油菜适量。

调料： 鸡汤适量。

做法：

① 先将鸡肉洗净，切成薄片；嫩油菜洗净，切碎末。

② 锅置火上，加适量鸡汤煮沸，下入鸡肉片煮熟。

③ 鸡肉片煮熟后撕成丝，再放回锅里，煮沸后下入面片和油菜末，煮5分钟至熟烂即可。

西红柿鸡蛋饼

材料： 面粉50克，西红柿、鸡蛋各1个。

做法：

① 西红柿洗净，去皮后切碎；鸡蛋打散，加入适量水、面粉搅拌均匀，再加入碎西红柿搅拌成糊状。

② 锅置火上，放适量油烧热，倒入搅拌好的鸡蛋面糊，煎至两面呈金黄色即可。

肉汤煮饺子

材料：鸡蛋1个（取蛋清），小饺子皮6个，鸡肉末40克，青菜末、芹菜末各适量。

调料：肉汤、酱油各少许。

做法：

① 将青菜末和鸡蛋清混合均匀，鸡肉末和混合好的青菜做馅包饺子。

② 锅置火上，倒入肉汤，放入包好的饺子煮熟。

③ 撒入芹菜末，并调入少许酱油即成。

鱼泥小馄饨

材料：鱼泥50克，小馄饨皮6张，韭菜末、香菜末各适量。

调料：盐、清高汤少许。

做法：

① 先将鱼泥和韭菜末做成馄饨馅，包入小馄饨皮中，做成馄饨生坯。

② 然后锅内加水，煮沸后放入馄饨生坯，再次煮沸后倒入少许清高汤再煮一会儿，至馄饨浮起时，撒上香菜末、少许盐即可。

玉米馄饨

材料：馄饨皮 100 克，玉米粒 250 克，猪肉末 150 克，葱 20 克，芹菜叶少许。

调料：盐、味精、白糖各少许，香油适量。

做法：

① 玉米粒洗净沥干；葱洗净后切末。

② 将玉米粒、猪肉末和葱末放入碗中，再加入全部调料拌匀。（见图①）

③ 在馄饨皮内放入适量馅料。（见图②）

④ 将两边对折，边缘捏紧。（见图③）

⑤ 将两边的皮向中间弯拢捏紧，做成馄饨生坯。

⑥ 锅置火上加水煮开，放入包好的馄饨生坯，盖上锅盖煮 3 分钟，起锅装碗，点缀上芹菜叶即可。（见图④）

妈妈喂养经

馄饨皮尽可能做得薄些，这样宝宝才方便顺利食用。

南瓜蝴蝶面

材料： 意大利蝴蝶面 200 克，南瓜片 150 克，培根片 100 克，牛奶 1 盒。

调料： 黄油、盐、黑胡椒粉各适量。

做法：

① 黄油入锅加热化开，放入南瓜片炒香，再加牛奶用小火煮至南瓜片变软，将其碾成糊。

② 锅内加水煮沸，加入适量盐调味，放入意大利蝴蝶面、培根片煮 10~12 分钟。

③ 将做法 2 的材料倒入做法 1 的锅中一起翻炒，最后加黑胡椒粉调味即可。

培根西蓝面

材料： 西蓝花 50 克，面条 150 克，培根 2 片，蒜 3 瓣，葱末、胡萝卜丝各少许。

调料： 高汤 2 大碗，盐少许。

做法：

① 面条以高汤煮熟，捞出；蒜、培根分别切片；西蓝花洗净后，切小朵，入沸水烫熟。

② 锅置火上，倒入适量植物油，爆香蒜片后，倒入培根片炒至出油。

③ 再放入面条、胡萝卜丝、西蓝花翻炒片刻，加入盐和葱末拌匀即可。

❀ 肉末通心粉

材料：通心粉10余粒，鸡肉1块，胡萝卜、青菜各适量。

调料：盐、香油各少许。

做法：

① 通心粉入沸水中氽熟，捞出过冷水，沥干。

② 鸡肉剁成碎末；胡萝卜切末；青菜切末。

③ 锅中放入香油、青菜末、胡萝卜末、鸡肉末，放入通心粉，加适量水煮开，最后用盐调味即可。

❀ 虾仁挂面

材料：挂面20克，虾1只，胡萝卜、青菜各适量。

调料：酱油少许。

做法：

① 虾去皮，取虾仁，切碎后炒熟。

② 胡萝卜洗净，切小丁；青菜洗净，切碎末。

③ 将挂面煮熟切短，加入炒熟的虾仁、胡萝卜丁、青菜碎末，再加入酱油调味即可。

❀ 金枪鱼南瓜意大利面

材料：短管意大利面40克，金枪鱼（罐头）、南瓜各20克。

做法：

① 南瓜去皮、籽，切小丁。

② 金枪鱼压碎末。

③ 将短管意大利面与南瓜丁一同煮软，沥干后加入金枪鱼碎末拌匀即可。

香菇鲜虾包

材料： 鸡蛋、香菇、虾仁、猪肉馅、发好的面团各适量。

调料： 香油适量。

做法：

① 鸡蛋煮熟去壳捣碎；香菇去蒂洗净，切末；虾仁去虾线洗净，剁泥。

② 猪肉馅中加入鸡蛋碎、香菇末、虾泥、香油，拌匀成馅。

③ 将发好的面团醒 30 分钟，做成包子皮，加入馅料做成包子，稍醒片刻，入锅蒸 15 分钟即可。

营养早知道

香菇中除含有丰富的蛋白质外，还含有多种维生素及矿物质，这些均对宝宝生长发育有益。

黄梨炒饭

材料： 黄梨丁 30 克，青豆仁、胡萝卜丁各 10 克，米饭 100 克，鸡蛋 1 个（打散）。

调料： 低油肉松、盐、葱末各适量。

做法：

① 青豆仁与胡萝卜丁汆烫后沥干，备用。

② 油锅烧热，爆香葱末，将鸡蛋液炒成蛋松，再将米饭与胡萝卜丁下锅拌炒。

③ 最后将青豆仁、黄梨丁及盐放入锅中翻炒至颜色均匀，撒上低油肉松即可。

蔬菜平鱼炒饭

材料：西蓝花丁、洋葱丁、蘑菇丁各适量，平鱼肉碎 50 克，米饭少许。

调料：高汤、盐各少许。

做法：

❶ 西蓝花丁、蘑菇丁煮熟；平鱼肉煮熟后取肉。

❷ 在锅中加入米饭、高汤、洋葱丁、蘑菇丁、西蓝花丁、平鱼肉和少许盐，用小火炒熟即可。

高汤煮饭

材料：大米、洋葱各 50 克，香肠 2 根，葱末适量。

调料：盐、鸡精各适量，高汤 3 碗。

做法：

❶ 香肠切丁；洋葱剥皮，切丁，入油锅爆香。

❷ 将米淘洗干净、沥干水分后，加炒好的洋葱丁、香肠丁及所有调料拌匀，与 3 大碗高汤同放入电饭锅中煮熟，撒上葱末即可。

鸡肉红米饭

材料：红米饭 50 克，鸡肉 30 克，菠萝碎 20 克。

调料：菠萝糖水 1 小碗，盐适量。

做法：

❶ 鸡肉洗净，加少许盐涂匀，蒸熟，冷后切粒。

❷ 将鸡肉粒、红米饭、菠萝碎、菠萝糖水放在一起拌匀，放入炖盅内，盖上盅盖，入炖锅用中小火炖 30 分钟（也可以放入蒸锅中蒸 20 分钟）即可。

◎ 西红柿饭卷

材料： 胡萝卜、西红柿各 50 克，鸡蛋 1 个，软米饭 1 小碗。

调料： 香油、盐各少许。

做法：

① 胡萝卜、西红柿均洗净，切末；鸡蛋摊成薄皮。

② 将胡萝卜末用香油炒软，与软米饭、西红柿末及少许盐拌匀，平摊在蛋皮上卷成卷儿，切段即可。

◎ 花生排骨汤煲饭

材料： 大米 30 克，熟排骨 1～2 根。

调料： 花生排骨汤适量，盐少许。

做法：

① 取已煲熟的排骨剔肉，切丝；大米浸泡 1 小时。

② 将花生排骨汤放入小煲内煲沸，放入大米及浸泡大米的水继续煲沸，小火煲成浓糊状的烂饭，加入切细的肉丝搅匀煲沸，放入少许盐调味即可。

◎ 玉米粉发糕

材料： 鸡蛋 1 个，面粉、玉米粉、牛奶各适量。

调料： 白糖、发酵粉各适量。

做法：

① 鸡蛋打散，加白糖，搅打至蛋液发白起泡，再将玉米粉、面粉、发酵粉、牛奶一起加入搅拌均匀，做成面坯。

② 将面坯放在笼屉内蒸熟，晾凉后切块装盘即可。

奶香甜味花卷

材料： 加奶粉的发面面团 300 克，薄荷叶少许。

调料： 白糖适量。

做法：

❶ 将发面面团擀成 3 毫米厚的长方形面皮，上面均匀地撒上一层白糖，再用擀面杖将白糖擀进面片中，然后用刷子刷上一层植物油。

❷ 将面皮从下向上折四折，切成 3 毫米宽的面条，每次取 3～4 条面条，捏住一头拉长，再打个结，做成花卷生坯，醒发 40 分钟。

❸ 将花卷生坯放入蒸锅，大火煮开，转小火继续蒸 20 分钟，关火后静置 3 分钟，取出后用薄荷叶点缀即可。

火腿香葱卷

材料： 发面面团 500 克，火腿丁、葱末各适量。

调料： 盐少许，薄荷叶适量。

做法：

❶ 将发面面团擀成 2 毫米厚的长方形面片，上面均匀地撒上少许盐，用擀面杖将盐擀进面片中，再用刷子刷上一层植物油，然后均匀地撒上葱末、火腿丁。

❷ 将面片横向卷成柱状，切成重 30 克的剂子。

❸ 用筷子在剂子中间平行于切口处按压一下，两手捏住剂子的两端，向外略抻，反方向拧 180 度，再将接口处压紧，制成花卷生坯，醒发 20 分钟。

❹ 将花卷生坯放入蒸锅，大火煮开，转小火继续蒸 20 分钟，关火后静置 3 分钟，取出后点缀薄荷叶即可。

美味汤羹粥

🥕 宝宝营养餐

🌸 什锦蔬菜汤

材料： 西红柿、土豆、洋葱各 30 克，胡萝卜、黄豆芽、圆白菜各适量。

调料： 清高汤适量。

做法：

❶ 将黄豆芽洗净沥干；洋葱去皮洗净，切丁；胡萝卜洗净削皮，切丁；圆白菜洗净切丝；西红柿、土豆洗净，去皮后切成丁。

❷ 将清高汤加适量水煮沸，放入上述材料，大火煮沸后转小火慢熬至汤浓稠即可。

🌸 鲜美鸭肉汤

材料： 鸭胸脯肉 250 克，胡萝卜、土豆各 25 克，青豆 20 克，鸡蛋清适量。

调料： 鲜汤、香油、盐、水淀粉适量。

做法：

❶ 鸭胸脯肉去皮，剁成肉泥，加盐、鸡蛋清、水淀粉拌匀，放在盘中入锅蒸熟后切丁；土豆、胡萝卜分别去皮洗净，切丁；青豆压碎。

❷ 锅中放入鲜汤、土豆丁、胡萝卜丁、青豆碎煮熟，加入鸭肉丁煮沸，加盐、水淀粉勾芡，淋数滴香油即可。

草鱼鸡蛋汤

材料： 草鱼 400 克，鸡蛋清 50 克，香菜末 10 克。

调料： 清汤适量，盐、酱油、香油各少许。

做法：

❶ 鱼肉去皮，洗净，去骨刺，放入冷水中浸泡 10 分钟，捞出砸细泥，加盐、鸡蛋清、熟油和水搅匀捏成丸子。

❷ 锅置火上，加油，烧至五成热时，放入鱼丸，烫熟，捞出；剩余蛋清打成蛋泡糊，取 2 个勺底抹有少许熟油的勺子，将蛋泡做成两个鸳鸯形，旺火蒸熟。

❸ 锅中加适量清汤，大火煮沸，加盐、酱油、香菜末，淋少许香油，把鸳鸯和鱼丸轻轻推入锅中煮一下即成。

白萝卜小排煲

材料： 小排 250 克，黑木耳 50 克，白萝卜 200 克，姜片适量。

调料： 盐、料酒各适量。

做法：

❶ 小排用盐腌渍 1 天，入沸水中汆烫，捞出沥干；黑木耳去根洗净，撕朵；白萝卜洗净，切滚刀块。

❷ 锅加适量水煮沸，下入小排、黑木耳、白萝卜块，调入料酒、姜片以大火煮沸。

❸ 转小火慢炖，待肉香萝卜酥，加少量盐搅拌均匀即可。

营养早知道

　　白萝卜中所含的钙有 98% 在萝卜皮内，所以白萝卜最好带皮吃。

西红柿海带汤

材料：水发海带 100 克，西红柿汁 50 克。

调料：鲜柠檬汁、高汤各适量。

做法：

❶ 海带洗净后切丝。

❷ 锅置火上，放入海带、高汤煮 5 分钟。

❸ 再放入西红柿汁、鲜柠檬汁以中火煮沸即可。

奶油白菜汤

材料：白菜 20 克。

调料：配方奶粉适量。

做法：

❶ 白菜用清水冲洗干净后剁碎；锅内加水煮开后放碎白菜，以小火煮片刻。

❷ 捞出碎白菜，将白菜水晾至常温，放入配方奶粉调匀即可。

海带白菜汤

材料：胡萝卜 1/4 根，海带 25 克，嫩白菜叶 1 张。

调料：盐少许。

做法：

❶ 海带放入清水中浸泡 30 分钟，洗净后切成细丝；胡萝卜、白菜叶洗净，烫熟后切丁。

❷ 锅置火上，加适量清水，放入海带丝煮至软烂。

❸ 加入胡萝卜丁和白菜叶，再次煮沸，加入盐即可。

菠菜蛋花汤

材料: 菠菜叶 100 克, 鸡蛋 1 个, 小米适量。

调料: 盐少许。

做法:

❶ 菠菜去除黄叶, 连根洗净, 放入沸水中余烫后再切数段, 备用。

❷ 将小米放入锅中, 煮沸至米烂, 之后打入蛋花, 再下入菠菜段稍煮, 加盐调味即可。

猪肝菠菜汤

材料: 猪肝 100 克, 菠菜 50 克。

调料: 肉汤适量。

做法:

❶ 猪肝洗净, 切成小薄片; 菠菜洗净, 切成小段。

❷ 锅置火上, 倒入肉汤以大火煮沸后, 放入猪肝片、菠菜段稍煮即可。

芹菜米粉汤

材料: 芹菜 100 克, 米粉 50 克。

做法:

❶ 芹菜洗净(芹菜叶不要扔), 切碎; 米粉泡软。

❷ 锅置火上, 加适量水煮开, 放入芹菜碎和米粉, 焖煮 3 分钟即可。

鲜美冬瓜盅

材料：冬瓜 50 克，冬笋末、水发冬菇末、口蘑末各 10 克。

调料：料酒、酱油、冬菇汤、香油、白糖、水淀粉各少许。

做法：

① 油锅烧热，放入冬笋末、水发冬菇末、口蘑末煸炒，再加酱油、白糖、料酒、冬菇汤，煮沸后用水淀粉勾芡，晾凉后制成馅。

② 将冬瓜洗净，在肉厚处挖出圆柱形，汆烫至熟后抹香油，填入馅，放盘中，入锅再蒸 1 分钟即可。

奶香油菜烩鲜蘑

材料：油菜 100 克，鲜蘑菇 50 克，白菜叶适量。

调料：配方奶粉、香油各适量。

做法：

① 白菜叶洗净，切丝，汆烫；油菜洗净，烫熟，切小段，与白菜叶丝拌匀；蘑菇洗净，切碎，放入砂锅熬成蘑菇汤。

② 将蘑菇汤与配方奶粉、香油混匀。

③ 锅加油烧热，下入白菜叶丝、油菜段和蘑菇汤，边搅拌边煮 5 分钟至熟即可。

营养早知道

　　白菜和油菜用这样的方法烹调，可以有效分解里面的纤维，更利于宝宝食用。

西红柿豆腐汤

材料： 西红柿 1/6 个，嫩豆腐 1 小块，鸡胸脯肉 20 克，菠菜叶 10 克，鸡蛋 1 个。

调料： 高汤适量。

做法：

❶ 西红柿去皮、籽，切丁；嫩豆腐切丁；鸡胸脯肉去筋煮熟，切丁。

❷ 菠菜叶煮软后切碎；鸡蛋打散。

❸ 在锅中放入西红柿丁、豆腐丁、菠菜末和鸡肉丁，加高汤煮熟，加鸡蛋液滚出蛋花即可。

（妈妈喂养经）

烹调西红柿时，要去掉西红柿的籽，一定要横着切西红柿，这样就会很容易去掉籽。

海带西红柿粥

材料： 燕麦、大米、小米各 20 克，海带、西红柿、小白菜各适量。

调料： 盐、香油各适量。

做法：

❶ 海带、小白菜均洗净，煮熟，切碎；西红柿洗净后切丁。

❷ 燕麦、大米、小米加 7 倍水煮成粥，再加入碎海带、碎小白菜和西红柿丁煮开锅。

❸ 用小火煮至西红柿熟后，再调入少量盐、香油即可。

菠菜洋葱奶羹

材料：菠菜 25 克，洋葱适量。

调料：配方奶适量。

做法：

① 菠菜洗净，放入沸水中汆烫至软，切碎，磨成泥状；洋葱洗净，剁成泥。

② 锅内加水，放入菠菜泥与洋葱泥，小火煮至黏稠。

③ 出锅前加入配方奶搅拌均匀即可。

蔬菜羹

材料：油菜叶 50 克，玉米仁、松子仁末、火腿末各 20 克，鸡汤 200 毫升，水淀粉适量。

做法：

① 油菜叶洗净后焯熟，剁成末；玉米仁洗净，剁碎。

② 锅置火上，倒入鸡汤煮沸后，下入玉米仁、松子仁末、火腿末略煮。

③ 倒入水淀粉勾芡，撒入油菜叶末即可。

猪肉米粉羹

材料：猪肉 100 克，米粉 50 克。

调料：盐、水淀粉各少许。

做法：

① 将猪肉洗净剁成肉糜。

② 将米粉加拌好的肉馅、水淀粉及少量清水一起搅拌成泥。

③ 上蒸锅蒸 30 分钟，加少许盐搅拌均匀即可。

鱼菜米糊

材料: 米粉25克, 鱼肉20克, 青菜15克。

调料: 盐少许。

做法:

❶ 米粉加适量水浸软, 搅拌为糊; 青菜、鱼肉分别洗净, 剁泥。

❷ 锅置火上, 加适量水以大火煮沸, 下入青菜泥、鱼肉泥煮至熟透。

❸ 下入米粉糊搅拌均匀, 煮至米粉熟透, 加少许盐调味即可。

芹菜芋头粥

材料: 大米150克, 芋头50克, 芹菜、虾米各20克。

做法:

❶ 芋头去皮, 洗净, 切碎; 芹菜洗净, 切末; 大米洗净, 用冷水浸泡30分钟; 虾米用冷水泡软。

❷ 锅置火上, 加适量水, 下入大米煮沸后, 转小火继续煮。

❸ 炒锅放油烧热, 放入虾米爆香。

❹ 再放入芋头一起翻炒片刻, 倒入粥锅中。

❺ 待芋头和粥都煮软烂后, 放入芹菜末搅拌均匀即可。

营养早知道

芹菜中含有丰富的铁和钙, 对宝宝的发育非常有益, 芹菜还能促进宝宝食欲。芋头中富含蛋白质、钙、磷、铁、维生素C等多种成分。

牛奶枣粥

材料：大米 60 克，红枣 10 克。

调料：牛奶 100 毫升，红糖少许。

做法：

① 大米淘洗干净；红枣去核，洗净。

② 锅置火上，放入适量水煮开，加入大米煮 25 分钟。

③ 待米烂粥稠时，加入红枣、牛奶、红糖，小火煮10 分钟即可。

酸奶紫米粥

材料：紫米 50 克。

调料：酸奶 50 克。

做法：

① 将紫米淘洗干净，放在清水中浸泡 3 个小时左右。

② 锅置火上，放入紫米和适量清水，大火煮沸，再转小火熬至粥软烂。

③ 待粥凉至温热后加入酸奶搅拌均匀即可。

枣泥花生粥

材料：花生 10 粒，红枣 5 颗，大米 50 克。

做法：

① 将花生洗净去皮，放入锅中，加清水适量煮至六成熟，再加入红枣继续煮烂。

② 将煮熟的红枣去皮、核和花生一同碾泥。

③ 大米洗净，放锅中，加水煮成稀粥，待粥熟后加入花生红枣泥，搅拌均匀即可。

梨水燕麦片粥

材料：梨 1 个，燕麦片适量。

做法：

①梨洗净，削皮，切成小薄片。

②锅置火上，加适量水，放入梨片煮 10 分钟左右。

③原锅加入燕麦片再煮 20 分钟，至燕麦片软烂即可。

草莓羊奶粥

材料：草莓 150 克，羊奶 1 杯。

调料：乳酪适量。

做法：

①草莓洗净、沥干，去蒂后切碎。

②将切好的草莓放入榨汁机内，加入羊奶和乳酪搅打均匀即可。

鸡蓉豆腐羹

材料：鸡肉 25 克，胡萝卜 50 克，豆腐 400 克。

调料：鸡蛋清、鸡汤、盐、水淀粉各少许。

做法：

①鸡肉剁成蓉，加入水、盐、鸡蛋清拌成薄糊状；胡萝卜削皮煮熟剁泥；豆腐切丁。

②炒锅烧热，放入鸡汤，煮开加盐，放入鸡肉蓉、胡萝卜泥、豆腐丁，煮开后用水淀粉勾芡即可。

鸡丝粥

材料： 玉米仁 40 克，鸡胸脯肉、红甜椒各 30 克，稀饭半碗。

做法：

① 鸡胸脯肉洗净后蒸熟，剥成丝状。

② 将红甜椒、玉米仁加入稀饭中稍煮；再加入熟鸡丝搅拌均匀即成。

虾米菜花粥

材料： 大米 50 克，菜花块 30 克，虾米 10 克。

做法：

① 菜花块、虾米洗净后均入沸水中氽烫，捞起切碎。

② 锅置火上，加适量水，下入大米煮粥。

③ 煮至米粒熟烂后，倒入菜花块和虾米，再稍煮片刻即可。

苹果甘薯糊

材料： 苹果、甘薯各 50 克。

做法：

① 苹果洗净，去皮、核，切碎；甘薯洗净，去皮，切碎，备用。

② 将苹果块与甘薯块一起放入锅内，加适量水煮软，用勺子压成糊即可。

营养小点心

 宝宝营养餐

火腿麦糊烧

材料： 鸡蛋1个，面粉适量，火腿丁、虾仁丁、洋葱丁各少许。

调料： 葱末、奶酪、盐各适量。

做法：

❶ 鸡蛋打入装有面粉的大碗中，放点盐，一边加水一边搅拌至浆糊状；倒入各种配料丁及葱末、奶酪搅匀。

❷ 煎锅置火上，淋少许油烧热，倒入1大匙上述浆液，转动煎锅使浆液均匀铺满锅底。

❸ 小火煎至底面变色变硬，再煎上面，至两面焦黄，切成2厘米大小的菱形块即可。

鸡粒土豆蓉

材料： 土豆200克，鸡肉75克，杂菜粒（青豆、小米、胡萝卜粒）适量。

调料： 白糖、牛奶、粟粉各适量。

做法：

❶ 鸡肉洗净，切小粒，加酱油腌渍10分钟，入沸水中煮熟；杂菜粒入沸水氽烫，清水冲凉后，沥干。

❷ 土豆切厚片，入锅蒸20分钟，趁热搓成土豆蓉，加入鸡肉粒、杂菜粒及白糖、牛奶、粟粉搅匀。

❸ 将土豆蓉盛于雪糕模具内，做成雪糕球模样倒入碗里即可。

创意燕麦饼

材料： 燕麦片 100 克，面粉 500 克，鸡蛋 1 个，葡萄干、花生碎、牛奶各适量。

调料： 酵母粉 1 小匙，黄油、白糖各适量。

做法：

① 黄油加热熔化后拌入白糖、面粉搅拌均匀，再打入鸡蛋，一起搅拌均匀。

② 将燕麦片、酵母粉混合，倒入做法 1 中，再加入牛奶，揉成面团，加入葡萄干、花生碎。

③ 将面团分成小剂子，压成小饼，醒片刻后将其放在铺好锡纸的烤盘上，以 180℃的温度上下火烤 15 ～ 20 分钟即可。

绿豆糕

材料： 绿豆面 300 克。

调料： 儿童蜂蜜 120 克，白糖、糖桂花各 25 克，橄榄油 30 克，香油少许。

做法：

① 绿豆面上锅蒸 25 分钟，取出晾凉后用勺子压碎，过一遍筛，剩下的绿豆粉颗粒放入保鲜袋中，用擀面杖压碎。

② 将所有的绿豆面放入容器中，加入白糖、儿童蜂蜜、糖桂花、橄榄油、香油，搅拌均匀。

③ 将拌好的绿豆面放入模具中，用力压实，将模具倒扣在盘子中，使绿豆糕脱模即可。

蔬菜豆腐煎饼

材料： 大米粉40克，低筋面粉60克，太白粉20克，豆腐200克，胡萝卜20克，水发黑木耳2朵，鸡蛋1个，虾皮、罗勒各适量，薄荷叶少许。

调料： 盐半小匙，白胡椒粉适量。

做法：

❶ 胡萝卜洗净，去皮切丝；水发黑木耳洗净切细丝；罗勒洗净切碎；豆腐压泥；虾皮切末。

❷ 鸡蛋打散，放入大米粉、低筋面粉、太白粉和适量水，搅拌成面糊，再加做法1中材料及盐、白胡椒粉拌匀，制成蔬菜面糊。

❸ 油锅烧热，倒入蔬菜面糊，摊成厚薄适中的饼。

❹ 将两面都煎至金黄色，取出，用薄荷叶点缀即可。

奶酪薯饼

材料： 土豆80克，牛肉、胡萝卜各15克，洋葱10克，鸡蛋2个。

调料： 奶酪、面包糠、干淀粉、盐各适量。

做法：

❶ 土豆洗净，蒸熟，去皮切块，用勺子压成薯泥。

❷ 鸡蛋打散成蛋液。

❸ 牛肉、胡萝卜、洋葱均洗净，切碎，加入少许盐炒熟，捞出盛碗内，加入薯泥搅拌均匀。

❹ 取适量的混合薯泥，包入奶酪做馅，搓成手掌大小的扁椭圆形；将薯饼裹上干淀粉，浸入鸡蛋液，再严密地裹上一层面包糠。

❺ 锅置火上，烧热油，放入薯饼，炸至金黄色即可。

香酥鱼松

材料：鱼肉 100 克。

调料：盐、白糖各少许。

做法：

❶ 鱼肉洗净后入锅内蒸熟，去骨、去皮。

❷ 锅置小火上，加油烧热，放入鱼肉边烘边炒，至鱼肉香酥时，加入盐、白糖再翻炒几下，即成鱼松。

赤豆香粽

材料：糯米 100 克，赤小豆沙适量。

做法：

❶ 糯米泡软，以开水冲之，使之黏化，并搅拌成浆状。

❷ 将粽叶卷成三角锥形，放入混合糯米浆，再放入豆沙，填入糯米浆至满。

❸ 将粽叶盖上，用棉绳绕几圈，捆牢，放入开水中煮熟即可。

金色鹌鹑球

材料：鹌鹑蛋 5 个，面粉 30 克，鸡蛋 1 个。

调料：盐适量。

做法：

❶ 鹌鹑蛋煮熟后剥壳。

❷ 鸡蛋打散，加入面粉、盐，用少许水搅拌成糊状。

❸ 将鹌鹑蛋裹上面糊，放入油锅炸熟晾凉即可。

状元饼

材料： 面粉 500 克，鸡蛋（取蛋清）3 个，枣泥馅 300 克。

调料： 白糖少许，葵花籽油、小苏打粉、料酒各适量。

做法：

❶ 把白糖、葵花籽油、鸡蛋清、料酒加入面粉中与小苏打粉搅匀，然后揉成面团备用。

❷ 将面团擀成长条，切成均匀的小剂子，包进枣泥馅，成为饼坯。

❸ 将包有枣泥馅的饼坯分别切成模子大小，放入印有 "状元" 字样的花边模子内，用手掌均匀用力压，使之充满模具，磕出，码盘，然后烘烤即可。

鱼肉面包饼

材料： 鱼肉 40 克，面包粉 1 大匙，鸡蛋 1 个。

调料： 盐少许。

做法：

❶ 鱼肉洗净，蒸熟后压成泥；鸡蛋打散成蛋液。

❷ 将鱼肉泥、面包粉、鸡蛋液、盐搅拌均匀，分成两份，即为馅料。

❸ 将两份馅料分别压平放入平底锅中，加少许油，煎至两面金黄即可。

（妈妈喂养经）

这款点心口感稍硬，最好给月龄大一点儿的宝宝食用，以免损伤宝宝的口腔和牙齿，也不要让宝宝吃太多。

自制迷你披萨

材料： 自发粉100克，鸡腿肉丁50克，虾仁丁100克，洋葱丁、青椒丁、胡萝卜丁、平菇丁、奶酪片各适量。

调料： 盐、白糖、番茄酱各适量。

做法：

❶ 自发粉加水揉成面团，发酵，擀成圆面饼，入平底锅中煎至六分熟。

❷ 将其余材料（奶酪片除外）汆烫后备用。

❸ 在圆面饼上抹一层番茄酱，放上汆烫好的材料和奶酪片、盐、白糖，加热至饼熟即可。

贴心小叮咛

如果饼皮已熟、奶酪还未融化，可以再用微波炉加热至奶酪融化即可。

琥珀桃仁

材料： 核桃仁120克。

调料： 熟芝麻、白糖各适量。

做法：

❶ 将核桃仁投入沸水中不断搅拌，以去除涩味，捞出沥干。

❷ 锅烧热，放适量油，倒入核桃仁炒至白色的桃仁肉泛黄，捞出控油，用厨房吸油纸吸干多余油分。

❸ 将锅内余油去掉，倒入适量开水，放入白糖炒至糖化，倒入核桃仁翻炒，至糖浆全部裹在核桃上，撒上熟芝麻拌匀即可。

榨菜红烧肉口袋饼

材料： 发面面团 150 克，红烧肉丁 200 克，榨菜适量。

调料： 盐少许。

做法：

❶ 将发面面团擀成长方形，上面均匀地抹一层油和盐，然后对折，切成四等份，每份的四条边都捏紧，并压出花边，做成口袋饼生坯。

❷ 锅内倒油烧热，放入口袋饼生坯，用小火煎至两面呈金黄色，盛出后沿对角线切成三角形。

❸ 榨菜和红烧肉丁拌匀成馅料，然后夹在煎好的口袋饼中间即可。

贴心小叮咛

榨菜可选择低盐的，也可用水泡过去除部分盐分。

桂花红豆甜糕

材料： 糯米粉、大米粉各 200 克，红豆 80 克。

调料： 白糖 50 克，糖桂花 15 克。

做法：

❶ 红豆洗净，煮至软烂，用勺子压碎；糯米粉、大米粉加白糖拌匀成糕粉。

❷ 将清水分次倒入糕粉中（留出少许糕粉备用），用双手搅拌揉搓，使水全部被吸收。

❸ 将红豆碎倒入面糊中，搅拌均匀，放入可以蒸制的容器里。

❹ 上蒸锅，不加盖用大火蒸 20 分钟左右，把留出来的糕粉均匀地撒在表面，盖上锅盖，继续蒸至熟透，取出后淋上糖桂花，切成块或长条状即可。

甜味芋头

材料：芋头 40 克。

调料：白糖少许。

做法：

❶ 将芋头去皮，洗净，切成小块。

❷ 锅中加水，放入芋头块煮熟，取出后加入少许白糖即可。

红豆糖泥

材料：红豆 50 克。

调料：白糖少许。

做法：

❶ 红豆洗净，放入锅内，加适量水煮开后改小火，煮烂成豆沙。

❷ 炒锅放油烧热，倒入豆沙，翻炒几下，加入少许白糖翻炒均匀即可。

胡萝卜蜜饯

材料：胡萝卜 50 克。

调料：白糖适量。

做法：

❶ 胡萝卜去皮洗净，切丁，放入沸水中汆烫后沥干水分，晾干；汆烫胡萝卜的水，备用。

❷ 将胡萝卜放入原来汆烫过的水中，小火煮沸后续煮 20 分钟左右，待水分煮干，拌入白糖即可。

果仁饼干

材料： 低筋面粉 150 克，杏仁 80 克，杏仁粉 70 克，黑芝麻 10 克，鸡蛋液 50 毫升，豆浆 40 毫升。

调料： 细砂糖 80 克，色拉油 40 毫升，酵母粉 3 克，盐 2 克，小苏打粉 2 克，香草粉少许。

做法：

① 将杏仁切碎，与黑芝麻混合。（见图①）

② 向鸡蛋液中加入细砂糖，打匀后加入色拉油。（见图②）

③ 加入杏仁粉搅拌均匀，加杏仁碎和黑芝麻。（见图③）

④ 搅匀后加入豆浆、香草粉、过筛的低筋面粉、小苏打粉、酵母粉、盐，搅拌均匀，揉成面团。

⑤ 将面团搓成圆条，分切成厚薄相近的圆片。（见图④）

⑥ 将圆片放到铺有烘焙纸的烤盘中，置于预热到 180℃的烤箱中，烘烤约 30 分钟后取出。

贴心小叮咛

如果在切圆片时面团比较软，可以将面团蒙上保鲜膜，放到冰箱里冷冻 10 分钟，再取出搓条就容易多了。

 开心饮品

 宝宝营养餐

百合莲子绿豆浆

材料： 黄豆 30 克，绿豆 20 克，百合 10 克，莲子 15 克。

做法：

① 将黄豆用清水浸泡至软，洗净；绿豆淘洗干净，用清水浸泡 4 ~ 6 小时；百合洗净，泡发，切碎；莲子洗净，泡软。

② 将全部材料一同倒入全自动豆浆机中，加入适量水打成豆浆煮熟即可。

黄豆牛奶豆浆

材料： 黄豆 100 克，配方奶 200 毫升。

调料： 白糖适量。

做法：

① 将黄豆用清水浸泡至软后洗净。

② 把泡好的黄豆倒入全自动豆浆机中，加适量水打成豆浆煮熟即可。

③ 加入白糖调味，待豆浆晾至温热时，倒入配方奶搅拌均匀即可。

贴心小叮咛

　　一定要注意，如果夏季温度过高，浸泡黄豆时宜放入冰箱冷藏，以免浸泡黄豆的水滋生细菌。

火龙果汁

材料： 火龙果、荔枝各 100 克。

调料： 冰糖少许。

做法：

1 火龙果、荔枝分别洗净，去皮，切小丁。

2 将水果丁与冰糖一起放入榨汁机中榨汁即可。

柿子胡萝卜汁

材料： 柿子 1 个，胡萝卜半根，柠檬 1 个。

做法：

1 将柿子和胡萝卜洗净，去皮，切成小块；柠檬洗净，切片。

2 将切好的柿子块、胡萝卜块、柠檬片一起放入榨汁机榨成汁即可。

苹果柿子汁

材料： 苹果、柿子各 100 克。

做法：

1 苹果、柿子洗净，分别去皮、核。

2 把苹果、柿子切成片，剁成泥，加凉开水 50 毫升，然后用洁净纱布绞出汁液即可。

◎ 甜椒橙汁

材料: 甜椒、橙子各 1 个。

做法:

① 甜椒洗净, 去蒂、籽; 橙子洗净, 去皮、籽。

② 将甜椒、橙子分别切成 2 厘米见方的小块, 然后一起放入榨汁机, 加半杯凉开水榨成汁即可。

◎ 西红柿酸奶饮

材料: 西红柿 1 个, 酸奶 1 杯。

做法:

① 将西红柿清洗干净, 去皮, 切成小丁。

② 将西红柿和酸奶一起放入榨汁机中打匀, 倒入杯中即可。

◎ 哈密瓜奶汁

材料: 小黄瓜半根, 西蓝花 1/4 个, 哈密瓜半个, 配方奶 300 毫升。

做法:

① 小黄瓜、西蓝花、哈密瓜分别洗净, 切成小丁。

② 将西蓝花用开水氽烫, 放入凉开水中漂凉, 捞起与小黄瓜丁、哈密瓜丁、配方奶一起用榨汁机打至细密即可。

◎ 西红柿火龙果汁 ◎

材料：西红柿、火龙果各1个。

做法：

① 西红柿去蒂洗净，切块；火龙果剥去外皮，切块。

② 全部材料放入榨汁机内，加150毫升凉开水，搅打成汁，过滤即可。

贴心小叮咛

火龙果属于热带水果，不易储存，最好现买现吃。

◎ 草莓香瓜汁 ◎

材料：草莓3颗，香瓜1个，配方奶适量。

做法：

① 将草莓洗净，去蒂，对半剖开；香瓜洗净，去皮及籽，然后切小块，备用。

② 将所有材料放入榨汁机中，加入60毫升凉开水搅打均匀，倒入杯中即可。

◎ 山药草莓菠萝汁 ◎

材料：熟山药1根，草莓10颗，菠萝半个。

调料：白糖少许。

做法：

① 将熟山药、菠萝削去外皮，菠萝用淡盐水浸泡30分钟后用凉开水冲洗；草莓洗净后去蒂。

② 将三者均切成2厘米见方的小块，加入半杯凉开水，放入榨汁机中搅打成汁，加白糖调味即可。

橘子百合汁

材料： 新鲜橘子 3 个，干百合 50 克。

调料： 白糖 10 克。

做法：

① 将新鲜橘子剥皮，橘皮洗净、切条；百合用清水泡发，洗净。

② 锅置火上，加适量水，将橘子皮、橘瓣、百合放入锅中，煮 2 小时至熟烂，加白糖调味即可。

甜瓜胡萝卜橙汁

材料： 橙子 1 个，胡萝卜 1 根，甜瓜半个。

做法：

① 橙子去籽；胡萝卜洗净去皮；甜瓜洗净去皮、籽。

② 将橙子、胡萝卜、甜瓜分别切成 2 厘米见方的小块，然后一起放入榨汁机中，加半杯凉开水榨汁即可。

山药牛奶汁

材料： 山药 100 克。

调料： 配方奶 150 毫升，白糖适量。

做法：

① 山药去皮洗净，切小块。

② 将山药块放入榨汁机中，倒入配方奶一起榨汁。

③ 将榨取的汁液倒入锅中，以小火慢煮至沸腾，起锅前加适量白糖调匀即可。

黄瓜汁

材料：小黄瓜 1 根。

做法：

① 将黄瓜洗净去皮，用擦菜板将其擦成细丝。

② 将黄瓜丝用干净纱布包好，用力挤出汁，兑入适量温水即可。

浓香莲藕浆

材料：莲藕 300 克。

做法：

① 将莲藕洗净去皮，切小块。

② 再将莲藕放入搅拌机中打成浆。

③ 将莲藕浆放入砂锅中，加适量水煮沸后过滤即可。

营养早知道

莲藕味道甘甜可口，含有大量的蛋白质和适量膳食纤维，而且易于消化，非常适合宝宝"进补"。

双料豆浆

材料：绿豆、黄豆各 50 克。

做法：

① 绿豆、黄豆均洗净，加冷水浸泡 10～12 个小时。

② 将泡好的绿豆、黄豆放入豆浆机中，加适量水磨成豆浆，煮熟即可。

第三章

成长餐：
3~6岁"小大人"的
健康正能量

3~6岁的宝宝，看上去已经像个"小大人"了，但此时的他们仍然处在生长发育的关键时期，他们的身体正在快速成长，新陈代谢十分旺盛，他们对各种营养物质的需求都比成人更多。在这种情况下，爸爸妈妈一定要科学安排宝宝的一日三餐以及加餐，让宝宝健康快乐地成长。

3 ~ 6 岁宝宝的智能、身体发育特点

感官发育

3 岁多孩子的词汇应该超过 300 个，能用 5 ~ 6 个单词的句子交谈，并可模仿成年人发出的大部分声音。有时孩子会不停地唠叨，这对于孩子学习新词是十分有益的。

4 ~ 5 岁的孩子可以准确使用语言表达自己的情感，并用语言帮助自己理解、参与发生在他周围的事情。如他经常会问："这是什么？"

5 ~ 6 岁的孩子会使用的词汇进一步增加，能用更多的句子进行交谈。

心理发育

3 ~ 4 岁的孩子非常容易产生 "不确定感"，所以他的情绪变化会比较大，在与人交往时，也会对一些事物表现出让人难以理解的恐惧。

4 ~ 5 岁的孩子随着对其他人的感觉和行为了解的增多，会逐渐停止竞争，并学会在一起玩耍时相互合作。

5 ~ 6 岁的孩子通常可以用文明的方式对大人或小伙伴提出要求。在两个孩子分享一个玩具时，也可以提醒他们轮流玩耍。

动作发育

3岁以后的孩子不再是机械地站立、跑动、蹦跳和行走。无论前进、后退，还是上下楼梯，他们的运动都十分灵活。

对3岁以后的孩子来说，并非所有的运动都十分容易。当他从蹲位站起或单脚站立时，仍然十分困难。但他可以手臂伸展，机械地向前跑，也可以抓住一个球，并能十分顺利地将一个小球从手中抛出。

5～6岁的孩子已经具备了成年人的协调性和平衡感。

这一时期宝宝的喂养重点

总的来说，3～6岁的宝宝进食的食物种类基本接近成人，可以从粥和软饭过渡到普通膳食了，但这一时期宝宝的发育仍不完全，有些事情还需特别注意。

3～4岁的孩子身体的各个功能还没有完全发育好，所以对营养的需求量很大，妈妈要注意孩子饮食的均衡性及合理性。

妈妈在为4～5岁的孩子准备食物时，仍需将食物切成细丝和小块，肉类也要采用同样方法进行处理，以防止孩子被过大的食物噎住。

吃鱼的时候一定要把刺剔除干净。

5～6岁的孩子对钙的需求量相对较多，所以妈妈要注意给孩子补钙。但专家建议妈妈为孩子补钙时，以食补最佳，且最安全。妈妈可在孩子的饮食中适量添加含钙丰富的食物。

妈妈还要注意，3～6岁宝宝的咀嚼能力逐渐增强，智力迅速发展，所需的营养较高，同时这一阶段的宝宝精力充沛，容易兴奋，所以要避免因为宝宝活动量忽大忽小而出现进食量过大或不足的情况。

另外，此时期的宝宝容易出现挑食、偏食的情况。一方面，妈妈在给宝宝准备膳食的过程中，需注意避免出现营养不均衡的情况。另一方面，妈妈也应该保证宝宝有充足的活动、游戏时间，以促进宝宝的食欲，摄取足够的营养物质。

一日营养方案（3~6岁）

时间		喂养方案
上午	8：00	1 杯温开水（约 150 毫升）、苹果半个
	8：30	牛奶 150~200 毫升、面包 3~6 片、鸡蛋 1 个，或馒头 50~80 克、米粥 100~150 克、炒菜 1 小碗
中午	12：00 ~ 12：30	软米饭 1/2~1 碗或小馒头 1~3 个、鱼禽肉类 30~50 克、蔬菜汤 1 小碗
下午	15：30	面包片 2 片、酸奶 80~150 毫升、水果 50~70 克
	18：00	软米饭 1/2~1 碗或小馒头 1~3 个、炒菜 120 克，鱼禽肉类 30~50 克
晚间	21：00	牛奶 200~250 毫升

宝宝日常进食注意事项

根据情绪调整宝宝饮食

食物影响着宝宝的精神发育，不健康情绪和行为的产生与饮食结构的不合理有着密切的关系。比如，吃甜食过多的宝宝易动、爱哭、好发脾气；吃盐过多者反应迟钝、贪睡；缺钙者则手脚易抽动，夜间磨牙；缺锌者易精神涣散，注意力不集中；缺铁者记忆力差、思维迟钝等。因此，家长应及时根据宝宝的情绪调整饮食结构，使宝宝健康、快乐地成长。

帮宝宝养成饭前便后洗手的好习惯

人的双手每天都要接触大量细菌，许多致病的细菌都是通过手进入人体的。而 3 ~ 6 岁的孩子正是好奇心最旺盛的时候，他们喜欢用双手到处摸，所以每天都会接触到很多细菌。如果吃饭前不洗手的话，很容易把手上的细菌带到口中。因此，父母一定要教孩子养成勤洗手的好习惯，饭前便后洗手更重要。

❓专家答疑

Q: 宝宝不爱喝水怎么办？

A: 首先，爸爸妈妈必须坚持一点——决不能用饮料替代白开水。其次，爸爸妈妈要以身作则，如果爸爸妈妈口渴了就喝饮料，宝宝就会有样学样，既然不想让宝宝成天抱着饮料瓶，那么爸爸妈妈就要尽量做到少买少喝饮料，起码不要在宝宝面前喝。最后，爸爸妈妈要多"引诱"宝宝喝水，可以在宝宝活动的地方准备一瓶水，观察他喝了多少，如果喝得太少再提醒他，但不要强迫；非正餐时间，当宝宝饿了向爸爸妈妈要东西吃时，要让他先喝水；也可以在开水中加入柠檬片、苹果片，让水看起来很漂亮，而且有淡淡的水果味，增加宝宝喝水的乐趣。

Q: 宝宝上幼儿园后越来越挑食了怎么办？

A: 随着宝宝年龄的一天天增长，吃的食物种类也逐渐增多，于是，宝宝对食物的要求也变得越来越高了。许多妈妈都会发现，宝宝学会挑食了。很多原来并不挑食的宝宝现在也开始"挑三拣四"了。这时的宝宝对自己不喜欢吃的东西，即使已经喂到嘴里也会吐出来，有些脾气"暴躁"的宝宝，甚至会把妈妈端到面前的食物推翻。

宝宝之所以出现这种情况，主要是因为宝宝的舌头越来越"好用"了，味觉发育逐渐成熟的宝宝不甘心"逆来顺受"，因而才对各类食物的好恶表现得越来越明显，而且有时会用抗拒的形式表现出来。但是，宝宝的这种"挑食"行为并不是一成不变的，当宝宝再长大一些时，对于以前不爱吃的东西，就有可能爱吃了。

所以，爸爸妈妈不必担心宝宝的这种"挑食"，也不要粗暴制止宝宝的挑食行为。正确的做法是花点儿心思，好好琢磨一下宝宝，看他究竟对什么食物感兴趣，怎样做才能够使宝宝喜欢吃这些食物，才能让他"满意"。妈妈可以改变一下食物的形式，或选取营养价值差不多的同类食物替代。

如果宝宝对变着花样做出的食物还是不肯吃，怎么办？此时，爸爸妈妈也不要着急，如果宝宝只是不爱吃食物中的一两样，是不会造成营养缺乏的。因为食物的品种很多，再制作其他的食物就可以了。爸爸妈妈千万不可因此而强迫宝宝，更不可因此而产生失落感，以为宝宝对自己的努力"视而不见"。妈妈要懂得，宝宝即使这次不吃，可能过一段时间也会吃，不能因为宝宝一次不吃，以后就再也不给宝宝做花样食品了。

Q: 为什么宝宝吃有些食物的时候会有恶心的反应？

A: 3岁左右的宝宝牙齿已经长齐，所以喜欢吃一些干硬的食物。但还有一部分宝宝没有养成

咀嚼的习惯，部分宝宝甚至只肯吃米糊、熟软的米饭或牛奶，菜和肉稍微大一些就咽不下去了，出现恶心甚至呕吐现象。这是因为妈妈养育宝宝过分细心，每天用肉泥、菜泥喂宝宝吃，时间一长，宝宝便失去了咀嚼的机会，只能接受糊状或小颗粒状食物了。那么如何避免发生这种情况呢？

首先要逐渐调整宝宝饭食的性状，把泥状食物改为碎末食物，宝宝习惯后再过渡到吃小块食物。要循序渐进，切忌直接改为喂干饭。其次，可以在平时给宝宝吃一些猪脯肉、肉枣、鱼柳、鱼干之类的零食，让宝宝练习咀嚼并锻炼牙齿。

再次，妈妈在为宝宝准备饭菜时，要注意食物的色香味。吃饭时，父母的态度也很重要，大人和颜悦色，宝宝就会心情愉快，乐于接受食物。

最后，如果宝宝出现恶心、呕吐现象也不要报怨，以免引起宝宝紧张的情绪。

早餐：一日之计在于晨

宝宝早餐设计要点

经过一夜睡眠，到了早晨，人体内储存的营养和热量都被大量消耗掉了，若不能及时吃早餐或早餐的质和量不足，就很容易引起热量和营养的缺乏，使人感到头昏脑涨、思维混乱、反应迟钝，所以爸爸妈妈一定要重视宝宝的早餐。

理论上说，一顿质量好的早餐应该包括谷物、动物性食品、豆类或奶制品、新鲜水果、蔬菜等，如果因条件限制而无法备齐这些食材，那么想要制作一顿合格的早餐，起码也应保证备齐上述其中三种类型的食材。

此外，在早晨，宝宝的胃口一般都不是很好，妈妈可以先给宝宝喝一点儿水或者稀粥、面汤，让宝宝开开胃。在制作宝宝的早餐时，也最好遵循清淡易消化、花样常翻新等原则。

 宝宝营养餐

❀ 红豆红枣豆浆 ❀

材料： 黄豆 50 克，红豆、红枣各 25 克。

调料： 冰糖适量。

做法：

❶ 将黄豆用清水浸泡至软，洗净；红豆淘洗干净，用清水浸泡至软；红枣洗净，去核后切成末。

❷ 将泡好的黄豆、红豆和红枣末一同倒入全自动豆浆机中，加适量水煮成豆浆。

❸ 将豆浆过滤，加冰糖调味即可。

❀ 黑米红枣粥

材料： 黑米 20 克，红枣 3 颗。

调料： 椰汁、白糖各适量。

做法：

❶ 黑米洗净后放入锅中，加适量水炖煮 30 分钟。

❷ 红枣去皮，去核，加入黑米粥中煮至米烂粥稠。

❸ 将煮好的黑米和红枣一起放入碗中拌匀，加入白糖和椰汁搅匀即可。

❀ 皮蛋瘦肉粥

材料： 无铅皮蛋 1 个，猪瘦肉 50 克，大米 200 克。

调料： 盐、鸡精、香油各适量。

做法：

❶ 皮蛋去壳，切半月形小块；猪瘦肉洗净，切片。

❷ 将大米淘洗干净，倒入锅中，加入适量水煮成粥。

❸ 接着加入猪肉片和盐、鸡精搅拌均匀，最后加入皮蛋块略煮，滴上香油即可。

❀ 虾皮小白菜粥

材料： 虾皮 5 克，小白菜 50 克，大米 40 克，鸡蛋 1 个。

做法：

❶ 虾皮用温水洗净、泡软，切碎末。

❷ 鸡蛋打散炒熟弄碎；小白菜洗净，略氽烫，捞出后切碎末。

❸ 大米熬成粥，放入虾皮末、碎白菜末、鸡蛋碎，略煮 2 分钟即可。

西红柿银耳小米羹

材料：西红柿 1 个，小米半碗，银耳 5 朵。

调料：冰糖适量。

做法：

① 西红柿去蒂，洗净，切成小片；银耳用温水泡发，切成小片。

② 锅中加适量水、银耳，煮开，改小火，加入西红柿片、小米一并烧煮，待小米稠后，加冰糖，煮化即可。

鸡肝红枣羹

材料：鸡肝泥、红枣泥各适量，西红柿 1 个。

调料：盐少许。

做法：

① 西红柿用开水汆烫后去皮，取一半剁成泥。

② 将鸡肝泥、西红柿泥、红枣泥混合在一起，加盐调味后再加适量水拌匀，上锅蒸 10 分钟即可。

什锦蔬菜蛋羹

材料：鸡蛋（打散）1 个，虾米 20 克，菠菜末、西红柿丁各 100 克。

调料：盐、水淀粉、香油各少许。

做法：

① 蛋液加适量盐和温开水搅匀，蒸 15 分钟后取出。

② 锅中加水煮开，下所有材料、盐稍煮，用水淀粉勾芡，滴几滴香油，起锅浇在蛋羹上即可。

鸡肉蔬菜粥

材料： 大米80克，鸡胸肉1块（约200克），芹菜丁、胡萝卜丁、青豆、香菇丁各适量。

调料： 盐适量。

做法：

❶ 大米用盐和油泡30分钟；鸡肉切丁加盐腌10分钟。

❷ 锅里加水煮开，倒入大米，续煮50分钟至黏稠。倒入鸡肉丁拌匀，加入蔬菜丁煮7~8分钟即可。

果仁黑芝麻糊

材料： 熟黑芝麻50克，熟花生仁、熟核桃仁各30克，松仁20克，冰糖、牛奶各适量。

做法：

❶ 将黑芝麻、花生仁、核桃仁、松仁、冰糖放在一起拌匀，倒入粉碎机中搅碎，倒出。

❷ 锅置火上，倒入牛奶，放入粉碎后的各种果仁，大火煮沸后转小火慢炖20分钟，至浓稠即可。

莲藕麦片粥

材料： 莲藕片50克，燕麦片、大米各100克，胡萝卜丝、猪里脊肉丝各25克。

调料： 盐适量。

做法：

❶ 锅内加入适量清水煮沸，放入大米，大火煮开。

❷ 加入燕麦片、莲藕片，煮开后，转小火煮至粥稠，加入胡萝卜丝、猪肉丝煮熟，最后加盐调味即可。

❀ 米粉汤

材料： 新鲜米粉（粗）200 克，洋葱、芹菜各适量，虾皮、葱花各少许。

调料： 猪油、盐、胡椒粉各少许，高汤 1000 毫升。

做法：

❶ 将米粉放入温水中清洗干净；洋葱、芹菜分别择洗干净，切丁。

❷ 热锅内加入猪油，将洋葱丁及虾皮放入锅中爆香，并以小火拌炒至虾皮呈金黄色后捞起。

❸ 取汤锅，倒入高汤大火煮沸，加入米粉及盐，转小火煮约 20 分钟，放入芹菜丁、洋葱丁、葱花、虾皮及胡椒粉即可。

❀ 双馅馄饨汤

材料： 馄饨皮 200 克，菠菜、胡萝卜各 150 克，香菜叶少许。

调料： 盐、橄榄油各适量。

做法：

❶ 菠菜洗净，烫熟后切碎，加橄榄油和盐拌匀成菠菜馅。

❷ 胡萝卜洗净切块，蒸熟后压成泥，加橄榄油、盐和匀成胡萝卜馅。

❸ 取馄饨皮，一半包入菠菜馅，捏成菠菜馄饨；一半包入胡萝卜馅，捏成胡萝卜馄饨。

❹ 锅里加适量水煮沸，放进馄饨煮熟，放入香菜叶，加盐调味即可。

沙拉拌豇豆

材料： 豇豆 200 克，鸡蛋白丁 2 个，青苹果块（半个切块），小西红柿适量，熟土豆丁 1 个。

调料： 沙拉酱适量，橙汁 3 大匙，盐少许。

做法：

❶ 豇豆氽熟后冲凉，浸于冰水中约 3 分钟，沥干。

❷ 将所有材料装盘，加沙拉酱、橙汁、盐拌匀即可。

胡萝卜西红柿饭卷

材料： 鸡蛋（摊成薄皮）1 个，软米饭 1 小碗，胡萝卜粒、洋葱粒、西红柿粒各适量。

调料： 盐适量。

做法：

❶ 油锅烧热，下入洋葱粒、胡萝卜粒炒至熟软，然后加入软米饭和西红柿粒拌匀，即成馅料。

❷ 将馅料平摊在蛋皮上，卷成卷儿，切段即可。

三鲜豆花

材料： 嫩豆腐 1 小块，虾仁 3 只，鱼肉、鸡肉、香菇末、鸡蛋清各适量。

做法：

❶ 将虾仁、鱼肉、鸡肉一起剁碎，并加入适量鸡蛋清搅拌均匀。

❷ 锅内水煮开后放入做好的肉泥和香菇末煮沸，并将嫩豆腐倒入锅中即可。

❀ 鸡蛋奶酪三明治 ❀

材料：原味面包 2 片，鸡蛋 1 个，奶酪、西红柿各 1 片，熟火腿片适量。

调料：原味沙拉酱适量。

做法：

❶ 原味面包片切去四边，放入平底锅，以小火加热，烤至单面焦黄，取出。

❷ 锅内倒入适量油烧热，磕入鸡蛋，煎成荷包蛋。

❸ 面包片没有烤过的一面朝上，抹少许沙拉酱，依次放上熟火腿片、西红柿片、奶酪片、荷包蛋，再盖上另一片面包片；将其切成 5 厘米见方的块。

❀ 营养糯米粥 ❀

材料：大米 15 克，糯米 10 克，豌豆、栗子、香菇、胡萝卜各适量。

调料：高汤 1/4 杯。

做法：

❶ 豌豆煮好后去皮，磨成粉；栗子去皮，切成小丁。

❷ 香菇取伞部，剁碎；胡萝卜去皮，汆烫后切成丝。

❸ 将大米和糯米放在一起后加水、豌豆末和栗子丁煮成饭。

❹ 将香菇末、胡萝卜丝煸炒后加高汤，再将做好的饭一起倒入高汤里煮熟即可。

❀ 鸡肉香菇豆腐脑 ❀

材料： 鸡肉20克，香菇1朵，豆腐脑50克，熟蛋黄半个。

调料： 清高汤适量。

做法：

❶ 将熟蛋黄捣成末；香菇切末；鸡肉剁碎末。

❷ 锅内加清高汤煮沸，放入鸡肉碎末和香菇末，大火煮沸后转小火，倒入豆腐脑和蛋黄末，略煮即可。

❀ 鱼肉蔬菜馄饨 ❀

材料： 黄鱼肉末、韭黄末、胡萝卜末、荸荠末各100克，馄饨皮适量。

调料： 姜末、高汤各适量，香油、盐各少许。

做法：

❶ 各种蔬菜末装入同一碗中，加适量香油、姜末、盐拌匀做成馅料。

❷ 将馄饨皮包好馅料，放入高汤中煮熟即可。

❀ 圆白菜鸡肉沙拉 ❀

材料： 圆白菜叶1小片，鸡胸肉50克。

调料： 酸奶、牛奶各100毫升。

做法：

❶ 将水煮开，下入圆白菜叶氽烫一下，切成小块；除去鸡胸肉上的筋，煮熟后撕碎，均放入碗中。

❷ 将酸奶和牛奶倒入另一个碗里搅拌均匀，浇在圆白菜叶和鸡胸肉上即可。

🌸 干贝猪肉馄饨 🌸

材料： 馄饨皮 300 克，猪肉 500 克，干贝 50 克。

调料： 姜末、葱末、盐、黄酒各适量。

做法：

❶ 干贝洗净，泡发后切末；猪肉洗净，切末。

❷ 猪肉末中加入盐、姜末、葱末、黄酒、干贝末拌匀成馅料。

❸ 取馄饨皮和馅料包成馄饨，入沸水中煮熟即可。

🌸 鱼子蛋皮烧卖 🌸

材料： 鸡蛋 4 个，虾仁 100 克，胡萝卜 1 根，鱼子适量。

调料： 盐、鱼露、水淀粉各适量。

做法：

❶ 鸡蛋打散，加盐调味，煎成蛋皮；虾仁剁蓉，加盐、鱼露、水淀粉拌匀成馅料。

❷ 将蛋皮铺平，放入虾蓉，捏成烧卖；胡萝卜切片，垫在蒸笼内，放入烧卖坯，撒鱼子，上笼蒸熟即可。

🌸 骨香汤面 🌸

材料： 猪骨或牛脊骨 200 克，龙须面、青菜各适量。

调料： 盐、米醋各适量。

做法：

❶ 将骨砸碎，放入冷水中用中火熬煮，煮沸后加入少许米醋，继续煮 30 分钟，去骨留汤；青菜洗净切碎。

❷ 骨头汤煮沸，下入龙须面，汤沸后加入青菜煮至面熟，加少许盐调味即可。

❀ 火腿面包

材料： 高筋面粉、全麦粉各 200 克，白芝麻少许，火腿片、生菜各适量。

调料： 干酵母 3 克，盐少许。

做法：

❶ 将高筋面粉、全麦粉、盐和干酵母混合，加入适量水搅拌后制成面团；生菜洗净，备用。

❷ 面团醒发片刻；待其醒发至原来的两倍大后，将其压扁排气，分割成大小均匀的面块。

❸ 将面块沿四角方向拉伸成面片，卷成长条形，待其醒发至体积再次膨大 1 倍后，撒上白芝麻，放入烤箱中；调制 260℃烘烤 10 分钟，即成面包。

❹ 从面包中间切开，夹入火腿片、生菜即可。

❀ 抹茶馒头

材料： 中筋面粉 550 克，全脂奶粉 15 克，牛奶 700 克，白糖适量，抹茶粉 1 大匙。

调料： 橄榄油 30 克，白糖适量，酵母、盐各少许。

做法：

❶ 取 400 克中筋面粉，加入抹茶粉、酵母及 240 毫升水，揉成光滑不粘手的面团，醒发 1.5~2 个小时。

❷ 将发酵好的面团与余下的中筋面粉、全脂奶粉、牛奶、白糖、橄榄油和盐混合，继续揉 7~10 分钟。

❸ 将面团擀成长方形面皮，再从长边卷起，卷成筒状，收口朝下，然后将其切成大小合适的馒头生坯。

❹ 馒头生坯醒发 20 分钟后放入蒸锅，用中火蒸 25 分钟左右，关火静置 3 分钟即可。

❀ 蒸饺

材料： 烫面面团 700 克，猪肉馅 600 克。

调料： 酱油、香油各 1 大匙，盐、香菇精各 2 小匙，胡椒粉半小匙。

做法：

❶ 猪肉馅加入所有调料抓拌均匀，并摔打出筋性做成馅料，放入冰箱中冷藏备用。

❷ 将烫面面团揉匀，搓成长条后分切成每个约 10 克的小面团，分别滚圆后擀开成中间厚、周围薄的圆形面皮备用。

❸ 在面皮中央放入适量猪肉馅，以食指与拇指将面皮拉捏出花纹并捏合，再放入蒸笼中盖上盖，用大火蒸约 10 分钟即可。

❀ 双叶鸡蛋卷饼

材料： 中筋面粉 40 克，火腿条 30 克，鸡蛋 2 个，薄荷叶末、葱末各适量。

调料： 盐少许。

做法：

❶ 取一半中筋面粉，加入 1 个鸡蛋，少许葱末、盐及适量水搅拌成均匀无颗粒的面糊；剩余面粉中加入 1 个鸡蛋、薄荷叶末、盐及适量水，也搅拌成均匀面糊。

❷ 锅倒油烧热，分别倒入两种面糊，摊成两个金黄色的圆饼盛出，再分别切成长条形。

❸ 将一张葱面饼和一张薄荷面饼叠放在一起，将火腿切成适当长度，放在短边的一端，然后卷成卷，插上牙签固定即可。

豆浆渣馒头

材料: 中筋面粉 300 克, 黑豆红枣玉米豆浆渣 120 克。

调料: 酵母少许。

做法:

① 将黑豆红枣玉米豆浆渣晾凉至室温 (30℃左右)。

② 将酵母倒入面粉中, 再将黑豆红枣玉米豆浆渣分次倒入中筋面粉中, 加入适量温水揉成均匀的面团, 盖湿布静置醒发。

③ 将发好的面团搓成条, 切成剂子, 分别揉圆, 做成馒头生坯, 醒发 20 分钟。

④ 将馒头生坯放入蒸锅, 用中火蒸 25 分钟左右, 关火静置 3 分钟即可。

海带鸡肉饭

材料: 海带丝 50 克, 柴鱼片 10 克, 鸡肉块 200 克, 鸡蛋 (打散) 1 个, 米饭 1 碗, 香菜叶少许。

调料: 酱油、鸡精各适量。

做法:

① 锅中加水煮开, 放入海带丝, 用小火煮出味道, 关火后静置片刻。

② 将汤中的海带丝捞出, 加入柴鱼片煮沸, 然后用漏勺将柴鱼滤掉, 只留清汤。

③ 在清汤中加入酱油、鸡精, 煮开后加入鸡肉块煮熟。

④ 倒入鸡蛋液, 让鸡蛋液裹住鸡肉块后关火, 然后将鸡肉块盛在米饭上, 淋少许汤汁, 点缀香菜叶即可。

❀ 芦笋山药豆浆

材料： 黄豆 50 克，芦笋、山药各 25 克。

做法：

❶ 将芦笋洗净，切成小段，略微汆烫后捞出沥干；黄豆加适量清水泡至发软，捞出洗净；山药去皮，切丁，汆烫后捞出沥干，备用。

❷ 将泡好的黄豆、芦笋段、山药丁一同放入全自动豆浆机中，加入适量水煮成豆浆，晾凉后即可饮用。

❀ 牛奶麦片粥

材料： 燕麦片 100 克，牛奶 30 毫升。

调料： 白糖、黄油各适量。

做法：

❶ 将燕麦片放入锅内，加适量水，泡 30 分钟左右。

❷ 用大火煮开，稍煮片刻后，放入牛奶、白糖、黄油。

❸ 煮 20 分钟至麦片酥烂、稀稠适度即可。

❀ 胡萝卜瘦肉粥

材料： 胡萝卜 200 克，瘦肉 100 克，大米 80 克。

调料： 姜、葱、香油、盐各适量。

做法：

❶ 胡萝卜切丁；瘦肉、姜、葱切末，备用。

❷ 大米加水煮开，放入姜末、瘦肉末、胡萝卜丁。

❸ 再次煮沸后，用小火熬 10 分钟左右，加一点香油。

❹ 粥熬至熟烂后，加入盐、葱末即可。

黄金包

材料： 面粉 500 克，绵白糖 200 克，奶粉 300 克，鸡蛋 2 个，黄油 30 克，酵母 5 克。

调料： 盐 5 克，椰蓉酱 40 克，葡萄干 30 克，可丝达馅料 50 克。

做法：

❶ 盆中放入面粉、奶粉、绵白糖拌匀，加入盐和酵母混合拌匀。

❷ 磕入鸡蛋，用橡皮刮刀翻拌几下，加入黄油和 200 毫升水充分揉匀，制成面团，发酵 30 分钟。（见图①）

❸ 将发酵好的面团分成大小相近的小面团，揉成圆形后继续发酵 15 分钟。

❹ 将小面团压扁，放入适量可丝达馅料，用手捏拢，整成光滑的面包坯，再发酵 15 分钟。（见图②）

❺ 在面包坯表面撒适量葡萄干。（见图③）

❻ 将椰蓉酱盛入裱花袋中，挤在面包坯上。（见图④）

❼ 将面包坯放在烤盘上，再移入预热好的烤箱中，以上火 180℃、下火 150℃烘烤 15 分钟即可。

午餐：营养搭配要合理

宝宝午餐设计要点

午餐在一日三餐中占有重要的地位，我们一天活动所需热量和营养物质的40%都是由午餐提供的。在补充人的体力和脑力的过程中，午餐起到了承上启下的重要作用。

我们知道，不同食物中所含的营养物质均有所不同，只有当饮食中的食物品种足够多的时候，人体才能摄取更全面的营养。因此，对3～6岁的宝宝来说，一顿健康的午餐应以五谷为主，辅以足量的蔬菜、肉蛋鱼类、新鲜水果等。

除了品种丰富外，宝宝午餐的搭配方式也十分讲究：米面、粗细搭配，即不要总是给宝宝单吃一种主食，米饭和面食应该掺杂着来，细粮和粗粮也要搭配着吃；荤素搭配，素食过多或肉食过多，对宝宝的生长发育都是不利的，一顿好的午餐，应该用多种蔬菜（各种颜色的蔬菜都要有，尤以深色蔬菜为佳）搭配不同肉食（猪、牛、羊、鱼、虾），再辅以适量水果，这样宝宝才能摄取足够的营养物质；色彩搭配，颜色鲜艳漂亮的食物能够激起宝宝对食物的兴趣，提升宝宝的食欲，所以妈妈们也要重视食物的色彩搭配。

 宝宝营养餐

鲫鱼豆腐汤

材料： 净鲫鱼1尾，豆腐1块，姜片、葱花各少许。

调料： 盐少许。

做法：

❶ 锅置火上，倒入适量清水煮沸，放入清理干净的鲫鱼、姜片。

❷ 以大火煮汤，汤沸后，放入豆腐块，加少许盐调味，鱼煮熟后，撒入葱花即可。

银耳鸽蛋桃仁糊

材料：银耳8克，鸽蛋6个，核桃仁15克，荸荠粉60克。

调料：白糖少许。

做法：

❶ 银耳泡发后加适量水上笼蒸1小时，取汁，备用。

❷ 碗内加适量水，打入鸽蛋，倒入温水锅中煮成嫩鸽蛋。

❸ 另取碗，放入荸荠粉加水调成粉浆；核桃仁剥皮，炸酥，切碎。

❹ 锅内加适量水，放入银耳汁，倒荸荠粉浆，加白糖、核桃仁搅匀成核桃糊，盛入汤盘；将银耳镶在核桃糊上；鸽蛋镶在银耳周围即可。

豆苗火腿猪肚汤

材料：熟猪肚200克，豆苗100克，火腿30克，冬笋、芹菜各20克，葱段、姜片各适量。

调料：盐、鸡精、香油各适量。

做法：

❶ 将熟猪肚切丝；豆苗去根，洗净；火腿切丝；冬笋切片；芹菜择洗干净，切段。

❷ 油锅烧热，用葱段、姜片炝锅，放入猪肚丝、豆苗、冬笋片、火腿丝、芹菜段同炒。

❸ 加适量清水、盐、鸡精，小火煲3分钟，淋入香油即可。

❀ 冬笋鹌鹑蛋 ❀

材料：冬笋片 50 克，水发香菇 5 朵，鹌鹑蛋适量，葱花、姜片、蒜各少许。

调料：鸡油、盐、白糖、水淀粉各适量。

做法：

❶ 冬笋片氽烫；香菇切块，氽烫；鹌鹑蛋煮熟去壳。

❷ 锅加油烧热，放入所有材料，加入鸡油、盐、白糖、水，用小火煨 10 分钟，下水淀粉，勾芡即可。

❀ 蒜泥菠菜 ❀

材料：菠菜 200 克，银耳 10 克，蒜末 50 克。

调料：葱末、姜末各适量，盐少许。

做法：

❶ 菠菜洗净，入沸水中氽烫后捞出，切成段；银耳泡发，切小丁。

❷ 锅置火上，加油烧热，加入银耳丁、葱末、姜末、蒜末、菠菜段拌炒均匀，加盐调味即可。

❀ 凉拌三片 ❀

材料：黄瓜、胡萝卜、西红柿各 100 克。

调料：盐、醋、香油各少许。

做法：

❶ 黄瓜、胡萝卜均洗净，切成菱形片；西红柿洗净，用开水烫氽一下，去皮，切片。

❷ 将黄瓜片、胡萝卜片、西红柿片一起放入碗中，调入盐、醋、香油拌匀即可。

韭菜拌核桃仁

材料：韭菜段 50 克，核桃仁 300 克。

调料：盐、鸡精、香油各少许。

做法：

❶ 核桃仁先用清水浸泡，剥去外皮；韭菜段入沸水中氽烫，沥干。

❷ 核桃仁装入盘中，加入韭菜段、盐、鸡精、香油拌匀即可。

清炒三丝

材料：土豆 1 个，胡萝卜 1/2 根，芹菜 1 小棵。

调料：盐、醋、葱、姜、花椒油各适量。

做法：

❶ 将土豆、胡萝卜和芹菜洗净后切成丝，氽烫至变色捞出，晾凉；葱、姜切末备用。

❷ 锅中加底油，烧热后用葱、姜炝锅，下氽烫好的三丝用大火翻炒，烹醋、加盐、淋花椒油即可。

黄豆芽炒韭菜

材料：黄豆芽 150 克，韭菜 100 克，虾米 50 克。

调料：蒜末、姜丝、沙茶酱、盐各适量。

做法：

❶ 黄豆芽洗净；韭菜洗净，切段；虾米泡发好。

❷ 油锅烧热，将蒜末、姜丝爆香后加黄豆芽和韭菜大火快炒，再放虾米拌炒，最后加沙茶酱和盐调味，炒至汤汁收干即可。

❀ 肉末茄子 ❀

材料： 嫩茄子 400 克，肉末 50 克，葱、姜、蒜各适量。

调料： 白糖、醋各适量，盐少许。

做法：

① 将嫩茄子洗净后，带皮竖切为厚约 5 毫米的长形片；葱切丝；姜、蒜切末。

② 将茄片放入锅内，加沸水 2000 毫升，烫泡约半小时，捞出沥水。

③ 平底锅烧热，将肉末、葱丝放入锅内，炒至变色。

④ 放入蒜末、姜末、白糖、醋炒匀后，放入烫好的茄片，轻轻拌炒均匀即可。

贴心小叮咛

选购茄子时，以果形均匀周正，老嫩适度，无裂口、腐烂、锈皮、斑点、皮薄、肉厚者为佳。

❀ 鱼肉意大利面 ❀

材料： 意大利面 150 克，鱼肉 100 克，香菇 75 克，洋葱 30 克，姜片适量。

调料： 酱油、奶油、盐各少许。

做法：

① 鱼肉洗净，加姜片、酱油腌渍 5 分钟，放入烤箱中烤熟，取出切丝；洋葱、香菇分别洗净，切丝；意大利面用沸水煮开，沥干。

② 锅内倒奶油烧热，加洋葱丝、香菇丝爆香，撒入盐调味。

③ 将炒好的洋葱丝、香菇丝连同鱼肉丝一起倒入意大利面中拌匀即可。

❀ 肉丝炒饼

材料： 猪里脊肉丝 100 克，烙饼丝 300 克，姜片、葱段各适量。

调料： 盐、老抽、醋各适量，胡椒粉少许。

做法：

① 猪肉丝用老抽、胡椒粉拌匀，腌渍 20 分钟。

② 油锅烧热，放入姜片、葱段爆香，倒入猪肉丝、烙饼丝，调入盐，倒少许开水炒匀后加醋调味即可。

❀ 荤素炒饭

材料： 猪肉 30 克，熟米饭 1 小碗，黄瓜丁、土豆丁、香菇丁各适量，干淀粉、高汤、葱花、盐各少许。

做法：

① 猪肉切丁，加盐、干淀粉上浆。油锅烧热，加猪肉丁煸炒几下后倒入高汤，中火焖烧至肉酥烂。

② 加入土豆丁、香菇丁烧至土豆酥烂，再加入黄瓜丁、葱花、熟米饭及少许盐，一起煸炒至熟即可。

❀ 枸杞炒山药

材料： 山药 200 克，枸杞子少许。

调料： 白糖、水淀粉各适量，盐少许。

做法：

① 山药去皮，洗净，切条，放水中浸泡；枸杞子洗净。

② 锅置火上，加适量油，烧热，放入山药滑炒几下。

③ 接着放入枸杞子翻炒，炒熟后调入白糖、盐，用水淀粉勾芡即可。

🌸 青椒五花肉 🌸

材料：五花肉 1 小块，青椒 4 ～ 5 个。

调料：香油、盐各少许。

做法：

❶ 五花肉切片；青椒去籽，切片。

❷ 锅内放几滴油，把五花肉片倒入锅内，用小火慢慢煎出油脂，边煎边撒少许盐。

❸ 待五花肉片煎至两面金黄、肉身变硬时放入青椒片翻炒入味，淋香油即可。

营养早知道

青椒含丰富的维生素C，可促进人体血红蛋白的生成，改善贫血宝宝的贫血症状；还含有青椒素，有增进食欲、促进肠胃消化的作用。

🌸 姜汁柠檬炒牡蛎 🌸

材料：牡蛎 6 个，葱花、姜末各适量，薄荷叶少许。

调料：料酒、柠檬汁、盐、胡椒粉各适量。

做法：

❶ 将牡蛎放入盐水中吐尽泥沙，打开，取出牡蛎肉洗净，用料酒腌制 5 分钟。

❷ 锅倒油烧热，放入葱花、姜末小火炒香，放入腌好的牡蛎肉，烹入料酒、柠檬汁、盐、胡椒粉炒熟，盛出装盘后点缀上薄荷叶即可。

营养早知道

牡蛎肉不仅富含蛋白和钙，还含有丰富的锌，而锌非常有利于宝宝的生长发育。

🌸 海带丝炒肉

材料： 猪肉丝、水发海带各200克，水淀粉、葱花、姜末各适量。

调料： 酱油、盐、水淀粉各适量。

做法：

❶ 海带洗净，切成细丝，入蒸锅中蒸15分钟至软烂后，取出。

❷ 锅置火上，加油烧热，下入猪肉丝用大火煸炒2分钟，加入海带丝，倒入适量清水（以漫过海带为度），加入葱花、姜末、酱油、盐，再以大火炒2分钟，用水淀粉勾芡出锅即可。

贴心小叮咛

在制作此膳食时，海带要发透、蒸烂才可食用。

🌸 松子鱼

材料： 鸡蛋1个（取蛋清），黑鱼200克，松子仁50克，葱花、姜末各适量。

调料： 白糖、鲜汤、香油、水淀粉、干淀粉、盐、料酒各适量。

做法：

❶ 黑鱼去皮，洗净，切成小丁，用料酒、盐、蛋清、干淀粉将鱼丁抓匀上浆。

❷ 油锅烧热，下入黑鱼丁滑熟，捞出。

❸ 锅内再加入适量油，放入松子仁炸酥，捞出。

❹ 锅内留底少许油，放入料酒、葱花、姜末、鲜汤、盐、白糖煮沸。用水淀粉勾芡，放入黑鱼丁、松子仁翻匀，淋入香油即可。

❀ 煸炒彩蔬

材料： 香菇丝、黑木耳丝、青椒丝、红椒丝、冬笋丝各 10 克，绿豆芽适量。

调料： 盐、水淀粉各适量。

做法：

❶ 油锅烧热，放入青椒丝、红椒丝、冬笋丝、黑木耳丝、绿豆芽煸炒。

❷ 加盐，用水淀粉勾芡，放入香菇丝略炒即可。

❀ 腰果玉米

材料： 腰果 50 克，西芹、玉米各 80 克。

调料： 盐、鸡精各半大匙。

做法：

❶ 西芹择洗干净，切成小段，入沸水汆烫，捞出过凉水；玉米粒入沸水中汆烫。

❷ 锅倒油烧热，放入腰果用小火慢慢炒熟，再放入玉米粒和西芹段，加入盐、鸡精，快速翻炒均匀即可。

❀ 韭菜炒鸡蛋

材料： 韭菜 150 克，鸡蛋 2 个。

调料： 盐少许。

做法：

❶ 韭菜洗净后切成小段；鸡蛋磕入碗中，打散。

❷ 锅置火上，倒入适量油烧热，倒入鸡蛋液炒熟。

❸ 加入韭菜段快速煸炒，同时调入少许盐翻炒均匀即可。

黑木耳香肠炒苦瓜

材料： 苦瓜 100 克，广东香肠 30 克，黑木耳 30 克，蒜 10 克。

调料： 盐、鸡精、水淀粉各适量，白糖、香油各少许。

做法：

❶ 黑木耳泡发洗净，切条；苦瓜去籽洗净，切条；香肠蒸熟切片；蒜切粒。

❷ 清水锅煮开，下入苦瓜条，用中火煮去苦味，捞起冲凉。

❸ 油锅烧热，放入蒜粒、香肠爆炒，加入苦瓜条、黑木耳条翻炒均匀，调入盐、鸡精、白糖炒透入味，再用水淀粉勾芡，淋入香油即可。

盐水虾

材料： 草虾 300 克，姜末、姜片、葱末、葱段各适量。

调料： 料酒、盐各少许。

做法：

❶ 草虾去虾须、虾线，入水略浸泡，捞出洗净。

❷ 锅置火上，倒水煮开，放入料酒、盐、葱段、姜片和草虾，大火煮约 1 分钟，熄火后静置约 1 分钟，捞起，去掉葱段。

❸ 锅倒油烧热，爆香葱末、姜末，加入煮好的草虾，大火快速炒匀，加盐调味即可。

❀ 腐竹炝三丝

材料： 水发腐竹 200 克，水发香菇、胡萝卜、芹菜梗各 50 克，姜丝适量。

调料： 香油、盐、胡椒粉各适量。

做法：

❶ 水发腐竹切细丝；香菇、芹菜梗分别洗净，切细丝；胡萝卜洗净，去皮，切细丝。

❷ 将腐竹、香菇、芹菜、胡萝卜放入沸水锅中烫熟，捞出过凉水，加入盐、胡椒粉拌匀。

❸ 锅内注入香油烧热，下入姜丝煸出香味，倒入拌好腐竹丝和蔬菜丝，炒匀即可。

❀ 金针菇炒肉丝

材料： 鸡胸肉 300 克，鲜金针菇 200 克，冬笋 50 克，青椒丝、红椒丝、葱丝、姜丝各适量。

调料： 鸡精、料酒、盐、香油、水淀粉各适量。

做法：

❶ 金针菇去根，洗净；鸡胸肉、冬笋分别洗净，切丝。

❷ 油锅烧热，加葱丝、姜丝煸出香味，下鸡胸肉丝煸熟。

❸ 加冬笋、料酒、鸡精、适量清水，煮沸后加金针菇、青椒丝、红椒丝和盐爆炒几下，下水淀粉收汁，再淋入香油即可。

❀ 蟹肉苦瓜 ❀

材料： 苦瓜 200 克，蟹肉棒 4 根。

调料： 盐、白糖各少许。

做法：

❶ 将苦瓜洗净，切薄片，放凉水中浸泡半小时；蟹肉棒洗净，斜切成片状。

❷ 锅加油烧热，下苦瓜片、蟹肉片和少许盐煸炒熟，加入白糖炒匀即可。

❀ 清炒五片 ❀

材料： 荸荠片 200 克，土豆片、胡萝卜片、蘑菇片各 100 克，黑木耳 10 克。

调料： 盐适量。

做法：

❶ 黑木耳用温水泡发，撕小片。

❷ 油锅烧热，先炒胡萝卜片，再加荸荠片、土豆片、蘑菇片、黑木耳片炒熟后，加适量盐调味即可。

❀ 香菇煎肉饼 ❀

材料： 猪肉末 300 克，香菇 4 朵。

调料： 生抽、白糖、香油、盐、胡椒粉各少许。

做法：

❶ 香菇去蒂洗净，切末，与猪肉末混合均匀，加入生抽、白糖、香油、盐、胡椒粉拌匀。

❷ 将肉馅分成 4 份，每份都搓圆，然后压成饼状。

❸ 油锅烧热，下入肉饼，煎至两面金黄色即可。

❀ 芙蓉蛋卷

材料： 鸡蛋 2 个，虾 12 只，胡萝卜 50 克。

调料： 盐、料酒、白胡椒粉各适量。

做法：

❶ 鸡蛋磕入碗中，打散，入热油锅中煎成蛋皮。

❷ 胡萝卜洗净，切末；虾洗净，去头、尾、外壳和虾线，将虾仁剁成泥，加入胡萝卜末、盐、白胡椒粉、料酒拌匀成馅料。

❸ 把蛋皮平铺在盘中，稍稍放凉，然后将馅料均匀地铺在蛋饼上，卷起即成蛋卷。

❹ 将蛋卷放入蒸锅中隔水蒸熟，然后取出，切成块即可。

❀ 滑炒鸭丝

材料： 鸭脯肉 100 克，玉兰片 8 克，香菜梗、鸡蛋清、葱丝、姜丝各适量。

调料： 水淀粉、盐、料酒、鸡精各适量。

做法：

❶ 鸭脯肉、玉兰片分别切丝；香菜梗洗净，切段。

❷ 鸭肉丝放入碗内，加入盐、鸡蛋清、水淀粉抓匀；另取碗放入料酒、鸡精、盐、葱丝、姜丝调成味汁。

❸ 锅内加油，烧至六成热，将鸭肉丝下锅滑透，立即捞出。

❹ 锅内留少许底油，倒入鸭肉丝、玉兰片、香菜梗，倒入味汁，颠翻数下即可。

🌼 猪肝盖饭

材料： 熟米饭 100 克，猪肝 40 克，青菜 30 克，胡萝卜 1/4 根。

调料： 水淀粉、干淀粉、酱油、盐各适量。

做法：

❶ 猪肝切片后放入清水中浸泡 15 分钟以上，然后手抓洗干净，捞起沥干，用酱油和干淀粉腌渍片刻。

❷ 胡萝卜洗净，切小片；青菜洗净，切段；锅置火上，放油烧热后将猪肝炒熟捞出。

❸ 油锅烧热，放胡萝卜片拌炒，放适量水、盐煮沸，用水淀粉勾芡，加入青菜段煮熟，加入猪肝片拌炒均匀，盛出后浇在米饭上即可。

🌼 油煎香茄

材料： 长茄子 1 个，蒜苗、虾皮各 50 克，葱末、姜末、蒜末、蛋黄液各适量。

调料： 水淀粉、干淀粉、高汤、盐水、白糖、酱油各适量。

做法：

❶ 茄子去皮，切片，在表面剞几刀，放盐水中浸泡 30 分钟后沥水，裹上干淀粉，再裹上一层蛋黄液。

❷ 虾皮洗净，切粒；蒜苗洗净，切段。

❸ 把油锅烧热，下入茄片炸成金黄色。

❹ 锅内留底油，放入葱末、蒜末和姜末煸香，放入虾皮、高汤和茄片，加入白糖、酱油，翻炒茄子入味，用水淀粉勾芡，下蒜苗段炒熟即可。

❀ 油炸核桃老鸭腿

材料： 老鸭腿 1 只，核桃仁 200 克，荸荠 150 克，鸭肉泥 100 克，鸡蛋 1 个（取蛋清），油菜末、葱花、姜末各适量。

调料： 干淀粉、盐、料酒各适量。

做法：

❶ 老鸭腿剁小块入沸水中汆烫，加入葱花、姜末、盐、料酒少许调味，上笼蒸熟。

❷ 将鸭肉、鸡蛋清、干淀粉、料酒、盐调成糊。

❸ 核桃仁、荸荠均洗净后剁碎，拌入糊内，抹在老鸭腿肉上。

❹ 将老鸭腿放入温油锅炸酥，捞出沥油，切长条块摆盘，撒入油菜末即可。

❀ 荸荠虾饼

材料： 鸡蛋 1 个，鲜虾仁、荸荠各 30 克，瘦肉馅 50 克，香菜叶 1 片，姜末、葱末各适量。

调料： 料酒、干淀粉、香油、鸡精、酱油、盐各少许。

做法：

❶ 瘦肉馅中放入姜末、葱末、料酒、香油、鸡精搅拌后放入酱油腌渍 30 分钟；磕入鸡蛋，加盐拌匀。

❷ 荸荠洗净，切小丁，放在肉馅中，再放入一些干淀粉搅拌。

❸ 在蒸盘抹上少许香油，将瘦肉馅压成饼状放入蒸盘，在肉饼中间放 1 个虾仁和 1 片香菜叶，上锅蒸熟即可。

晚餐：贵精不贵多

宝宝晚餐设计要点

3~6岁的宝宝正处于生长发育的旺盛期，即使在夜间，宝宝的生长发育也不会停止，因此妈妈一定要重视宝宝的晚餐。

宝宝晚餐要遵循"贵精不贵多"的原则。所谓的"贵精"是指，与午餐一样，给宝宝制作晚餐时，妈妈也要注意各方面的合理搭配，即米面搭配、粗细搭配、荤素搭配、色彩搭配等，以保证宝宝获得足够的营养和热量。"不贵多"是指不是减少宝宝晚餐的数量，而是适当减少饭菜的总热量。

此外，宝宝晚餐还有一些别的注意事项，如食物要做得清淡、更好消化一些。晚餐时准备一个汤给宝宝食用，是个不错的选择，因为汤汤水水好喝易消化，能够帮助宝宝提升食欲、补充水分、补充营养物质，还有助消化的作用。不过妈妈们要注意，不要只给宝宝喝汤里的汁水，汤中的食材如肉、蔬菜等也要喂给宝宝吃。

 宝宝营养餐

🌸 西红柿面包鸡蛋汤 🌸

材料： 西红柿1/2个，面包2/3个，鸡蛋（取蛋液）1个，高汤100克。

做法：

❶ 西红柿洗净，用开水烫一下，去皮，切碎。

❷ 锅置火上，倒入高汤，放入切好的西红柿煮沸，再将面包撕成小粒加入锅中。

❸ 3分钟后，将蛋液倒入锅中，搅出漂亮的鸡蛋花；接着再煮1分钟，至面包软烂即可。

蛋黄豆腐羹

材料： 豆腐 50 克，熟蛋黄 1 个，青菜叶 2 片。

调料： 盐少许。

做法：

❶ 蛋黄碾碎；青菜叶汆烫软，切碎；豆腐洗净，碾碎。

❷ 将碎青菜叶、豆腐一起拌匀，加盐调味，倒入碗内摊平。

❸ 将蛋黄泥盖在上面，上蒸锅蒸熟即可。

西红柿洋葱鱼

材料： 净鱼肉 150 克，西红柿少许，洋葱、土豆各 30 克。

调料： 盐、肉汤、面粉、植物油各适量。

做法：

❶ 西红柿、洋葱、土豆切碎；鱼肉切小块，裹上面粉。

❷ 锅置火上，放入适量植物油烧热，放入鱼块煎好。

❸ 将煎好的鱼和西红柿、洋葱、土豆放入锅内，加入肉汤一起煮熟，调入少许盐即可。

椰汁南瓜蓉

材料： 南瓜 300 克，鸡肉 75 克，椰汁半杯。

调料： 白糖、盐、干淀粉、水淀粉、香油各适量。

做法：

❶ 鸡肉切小粒，加盐、干淀粉、香油腌渍 10 分钟。

❷ 南瓜去皮，洗净，切碎，蒸 20 分钟至黏。

❸ 油锅烧热，加鸡肉粒翻炒数下，放入南瓜、盐、白糖及椰汁煮沸，压碎南瓜，用水淀粉勾芡即可。

玉米排骨汤

材料： 猪排骨块 300 克，玉米段半个，白菜叶 50 克，葱段、姜片各适量。

调料： 盐、老抽各适量。

做法：

❶ 白菜叶洗净，撕成小块；玉米段切块。

❷ 猪排骨块放入沸水中，汆烫去血水，洗净。

❸ 油锅烧热，用葱段、姜片爆香，放入排骨块、玉米段翻炒片刻，加适量清水、老抽，小火煮 20 分钟，放入白菜煮沸，加盐调味即可。

西红柿煮鱼丸

材料： 净鱼肉 50 克，牛奶 15 毫升，面粉 15 克，小西红柿 3 个，土豆泥 25 克，甜椒、洋葱各少许。

调料： 盐少许，淀粉、西红柿汁各适量。

做法：

❶ 鱼肉捣碎，加面粉、土豆泥、牛奶拌匀，做成小丸子，再撒上淀粉；小西红柿洗净；甜椒、洋葱分别洗净，切碎。

❷ 把小鱼丸、小西红柿、甜椒碎、洋葱碎与西红柿汁一同放入锅中，加入少许清水，以中火煮熟后调入少许盐拌匀即可。

❀ 豆腐蛋汤

材料： 豆腐 200 克，西红柿、鸡蛋各 1 个。

调料： 香油、盐各适量。

做法：

❶ 豆腐冲洗干净，切成菱形小片，放入沸水中汆烫一下；西红柿洗净，也用沸水汆烫一下，去皮，切小片；鸡蛋磕入碗中，打散。

❷ 锅置火上，倒入适量水，加入豆腐片、西红柿片及适量盐煮沸。

❸ 将鸡蛋液倒入汤中，淋上香油即可。

❀ 牛奶豆腐

材料： 豆腐 100 克，青菜末少许，牛奶 50 毫升，肉汤小半碗。

做法：

❶ 将豆腐放入沸水锅中汆烫一下，捞起，过滤掉水。

❷ 将过滤过的豆腐捣碎放入锅内，加入牛奶和肉汤拌匀，上火煮一会儿。

❸ 煮好后撒上青菜末稍煮即成。

营养早知道

　　豆腐和牛奶都含有丰富的蛋白质以及宝宝成长所必需的多种维生素和矿物质，两者混合煮制极富营养。

❀ 什锦猪肉菜末 ❀

材料： 猪肉 20 克，胡萝卜末、西红柿丁各 8 克。

调料： 肉汤 100 克，盐少许。

做法：

❶ 猪肉洗净，切末。

❷ 锅中加肉汤，放入猪肉末、胡萝卜末煮软，加西红柿丁略煮，加盐调味即可。

❀ 丝瓜炒鸡肉 ❀

材料： 丝瓜 50 克，鸡肉 35 克，姜丝适量。

调料： 盐少许。

做法：

❶ 鸡肉洗净，切块；丝瓜洗净，削皮，切小丁。

❷ 油锅烧热，放入姜丝爆香。

❸ 放入鸡肉块和丝瓜丁拌炒均匀，加水焖2～3分钟，将丝瓜丁碾碎后加盐调味即可。

❀ 蔬菜小杂炒 ❀

材料： 蘑菇片、土豆片、山药片、胡萝卜片、黑木耳片各 20 克。

调料： 高汤、盐各少许。

做法：

❶ 油锅烧热，放入土豆片、山药片和胡萝卜片煸炒片刻后，倒入适量的高汤煮沸。

❷ 放入蘑菇片、黑木耳片和少许盐烧至酥烂即可。

香菇炒三片

材料： 山药、圆白菜、胡萝卜各 100 克，香菇 5 朵。

调料： 盐、鸡精各适量。

做法：

① 将山药、圆白菜、胡萝卜、香菇均洗净，切片。

② 锅置火上，倒入适量油烧热，先炒香菇片，再放入山药片、圆白菜片、胡萝卜片炒熟后，调入盐和鸡精即可。

香椿芽拌豆腐

材料： 嫩香椿芽 250 克，豆腐 1 盒。

调料： 盐、香油各少许。

做法：

① 香椿芽洗净，汆烫 5 分钟，捞出水，沥干切细末。

② 豆腐烫熟后切小块盛盘，加入香椿芽末，调入盐、香油，拌匀即可。

香葱油面

材料： 面条 160 克，葱段、葱花各适量。

调料： 酱油适量，白糖、盐各少许。

做法：

① 面条入沸水煮熟，捞出过冷水，沥干。

② 油锅烧热，放入葱段以中火炸香，取葱油备用。

③ 向锅内加入酱油、白糖及适量清水，放入面条拌匀，再淋适量葱油，撒上炸过的葱段及葱花即可。

嫩菱炒鸡丁

材料： 鸡胸肉 200 克，嫩菱角 150 克，甜红椒 2 个，鸡蛋 1 个（取蛋清），姜末适量。

调料： 盐、水淀粉、干淀粉各适量。

做法：

① 嫩菱角去壳，洗净切丁，入沸水锅中汆烫一下。

② 甜红椒洗净，去蒂及籽后切丁。

③ 鸡胸肉洗净，切丁，加入盐、鸡蛋清和干淀粉抓匀。

④ 锅置火上，加适量油烧热倒入鸡胸肉丁滑散，加入姜末炒一下。

⑤ 再加入甜红椒丁煸炒片刻。

⑥ 加入菱角丁翻炒，同时加入少许盐调味，用水淀粉勾芡，翻炒片刻即可。

虾皮紫菜蛋汤

材料： 鸡蛋 1 个，虾皮、紫菜、香菜、葱花、姜末各适量。

调料： 香油、盐各适量。

做法：

① 鸡蛋敲破后打散，虾皮洗净，紫菜撕成小块，香菜洗净后切小段。

② 油锅置火上，放入姜末炝锅，下入虾皮略炒一下；加适量水煮沸，淋入鸡蛋液，接着放入紫菜块、香菜段，调入香油、盐，撒入葱花即可。

白菜拌肉末

材料：牛肉末 80 克，小白菜叶适量。

调料：番茄酱、高汤各适量，水淀粉少许。

做法：

❶ 小白菜叶洗净，煮后捞出，撕小片盛盘；牛肉末淋少许热水泡开。

❷ 将高汤、番茄酱与牛肉末一同放入锅里煮熟，加水淀粉勾芡，淋在小白菜叶上即可。

核桃仁拌豆腐

材料：核桃仁 20 克，豆腐块 100 克。

调料：盐少许。

做法：

❶ 将核桃仁磨成小颗粒状。

❷ 锅置火上，加水、盐煮开，放入豆腐块汆烫至熟。

❸ 将汆熟的豆腐块放入盘中，撒上核桃仁粒即可。

鸡汁小油菜

材料：小油菜 500 克。

调料：新鲜鸡汁适量，油、盐、白糖、水淀粉少许。

做法：

❶ 小油菜洗净切条，汆烫断生，捞出沥干。

❷ 锅烧热，加入适量油，倒入小油菜翻炒变软，倒入鸡汁略煮。

❸ 加盐、白糖调味，加水淀粉勾芡略炒即可。

猪肉雪菜饺

材料： 猪肉末 300 克，饺子皮 250 克，雪菜末适量。

调料： 盐、白糖、老抽各适量。

做法：

❶ 雪菜末、猪肉末加盐、白糖、老抽拌匀成馅料。

❷ 饺子皮光滑面朝上，放入馅料，捏成饺子生坯。

❸ 饺子生坯上蒸笼，入煮沸的蒸锅内，用大火蒸 8 分钟至熟，取出装盘即可。

鱼片豆腐汤

材料： 鲢鱼片、豆腐各 100 克，葱末 1 小匙。

调料： 甜红椒丝、香菜末、盐各少许。

做法：

❶ 豆腐洗净切块，入加盐的沸水中氽烫，捞出沥干。

❷ 油锅烧热，下葱末爆香，放鱼片煸炒，加水和豆腐块，大火煮沸，转小火焖煮，加盐调味，撒上甜红椒丝和香菜末即可。

白菜鸡肉袋

材料： 大白菜叶子 4 片，鸡胸肉丝 100 克，香菇丁 20 克，葱 1 根，盐少许。

做法：

❶ 大白菜叶子洗净，氽烫至软。

❷ 鸡胸肉丝、香菇丁炒熟，放盐调味。

❸ 将烫好的大白菜叶做皮，将炒好的鸡肉馅包起来，用葱系口即可。

❀ 扬州炒饭

材料： 熟米饭 200 克，虾仁、水发干贝、熟火腿、熟鸡脯肉各 20 克，鸡蛋 3 个，葱末适量。

调料： 料酒适量，盐少许。

做法：

① 水发干贝洗净，切碎蓉；熟火腿、熟鸡脯肉切丁；虾仁去虾线洗净；鸡蛋打散，加入部分葱末，搅打均匀。

② 锅中倒油烧热，放入虾仁、干贝蓉、火腿丁、鸡脯肉丁煸炒，加料酒、盐调味后盛入盘中。

③ 另起锅，放油烧至五成热，倒入鸡蛋液炒散，加入熟米饭炒匀，然后再倒入之前炒好的配料及葱末翻炒均匀，盛出装盘即可。

❀ 荸荠猪肉煎饺

材料： 饺子皮 300 克，猪肉末 200 克，荸荠末、鲜韭菜各 150 克，法香少许。

调料： 盐、味精、白糖、香油各少许。

做法：

① 鲜韭菜洗净，沥干，切段。

② 将猪肉末、荸荠末、鲜韭菜段和盐、味精、白糖、香油搅拌均匀，做成馅料。

③ 使饺子皮光滑的一面朝上，放入适量馅料，用手捏紧封口，做成饺子生坯。

④ 将饺子生坯入蒸锅蒸 4～5 分钟后取出。

⑤ 把蒸好的饺子放进油锅中煎至呈金黄色，取出装盘，用法香点缀即可。

❀ 红小豆饭

材料： 红小豆 100 克，糯米、熟黑芝麻各少许。

调料： 盐适量。

做法：

❶ 红小豆洗净，煮软，晾凉。

❷ 糯米洗净，沥干，放入红小豆汤中一起煮熟。

❸ 待糯米煮软，加少许盐和熟黑芝麻拌匀即可。

❀ 牛肉片河粉

材料： 河粉 60 克，牛肉片 50 克，高汤、豆芽、香菜、芹菜末各少许。

做法：

❶ 将河粉切小段，放入沸水中煮熟后捞起，用冷开水冲凉沥干。

❷ 将高汤煮沸，放入牛肉片煮熟，再放入豆芽、香菜和芹菜末煮沸，熄火后加入河粉即可。

❀ 西蓝花鸡肉面

材料： 面条 80 克，鸡胸肉 30 克，西蓝花 20 克。

调料： 鸡高汤 200 毫升。

做法：

❶ 西蓝花洗净，掰小朵；鸡胸肉洗净，切小片。

❷ 鸡高汤放入锅中加热，再放入面条，大火煮沸后转小火继续煮。

❸ 下入西蓝花朵、鸡肉片，煮至熟软即可。

❀ 西红柿打卤面

材料： 挂面、西红柿各 200 克，鸡蛋 3 个，葱花适量。

调料： 料酒适量，盐、白糖各少许。

做法：

❶ 鸡蛋磕入碗中，加入少许清水和料酒，打散；西红柿去皮，切块。

❷ 锅倒油烧至六成热，倒入蛋液炒松散后盛出。

❸ 锅内再加油烧热，倒入西红柿块翻炒，待西红柿溢出汤汁时，倒入炒好的鸡蛋翻炒，撒入盐、白糖炒匀，加入适量清水煮至汤汁变稠，撒入葱花，制成卤汁，盛出。

❹ 锅中倒入足量清水，大火煮开后放入挂面煮熟，捞出沥干，盛在碗中，将卤汁浇在面上即可。

❀ 清新凉面

材料： 宽面条 100 克，小黄瓜、胡萝卜、绿豆芽各 30 克，火腿、蒜末各适量。

调料： 芝麻酱、花生酱各适量，白芝麻、酱油、白糖各少许。

做法：

❶ 锅中加入适量水煮开，放入宽面条煮熟，捞出过凉水，放入碗中；小黄瓜、胡萝卜、火腿分别切丝。

❷ 沸水中入胡萝卜丝、绿豆芽氽烫，捞起放入冷水中冷却。

❸ 将芝麻酱、花生酱、白芝麻、酱油、白糖和胡萝卜丝、黄瓜丝、火腿丝、绿豆芽、蒜末放入面碗中拌匀浇在宽面条上即可。

鸡肉白菜蒸饺

材料： 饺子皮、大白菜各 100 克，鸡胸肉 250 克。

调料： 盐、白糖各适量，干淀粉少许。

做法：

① 鸡胸肉洗净后剁成泥；大白菜洗净后切碎；两者混合，加入盐、白糖、干淀粉，拌匀成馅。

② 饺子皮光滑面朝上，放入馅料，捏紧成饺子生坯。

③ 将饺子生坯放入蒸笼，移至煮沸的蒸锅内，用大火蒸 8 分钟至熟，取出装盘即可。

香香骨汤面

材料： 猪腔骨 200 克，青菜 50 克，龙须面 100 克。

调料： 米醋、盐各适量。

做法：

① 青菜洗净切碎。

② 猪腔骨洗净，砸碎，放入冷水中用中火熬煮，汤煮沸后，淋几滴米醋，继续煮 30 分钟。

③ 取出骨头弃之不用，下入龙须面，加入碎青菜，待面条煮熟，加盐调味即可。

贴心小叮咛

在熬制骨头汤时，中途不要加冷水，否则会影响汤中的营养含量以及汤味的鲜香程度。

❀ 黄瓜鸡蛋炸酱面

材料： 挂面 150 克，黄瓜 100 克，鸡蛋 2 个，蒜片、葱花各适量。

调料： 豆瓣酱 150 克。

做法：

① 鸡蛋磕入碗中，打散；黄瓜洗净切丝。

② 油锅烧热，倒入鸡蛋液，翻炒至蛋液略凝固后盛出。

③ 锅内再加油烧热，放入葱花爆香，加入豆瓣酱炒匀，加入炒好的鸡蛋继续翻炒，加适量清水翻炒均匀，做成炸酱。

④ 另取一锅倒入足量清水，将挂面煮熟，捞出过凉水，沥干装碗，码上黄瓜丝、蒜片，淋上炸酱即可。

❀ 莲子西红柿炒面

材料： 面条 100 克，莲子 15 个，西红柿 1 个，蒜 3 瓣，高汤适量。

调料： 料酒 1 大匙，盐半小匙，白胡椒粉少许。

做法：

① 面条用开水煮熟，捞出过凉水，沥干；蒜切片；西红柿去皮，切丁；莲子用水泡软后，入沸水中汆烫至熟。

② 锅中倒油，爆香蒜片，放入莲子淋上料酒、高汤，翻炒片刻。

③ 最后加入西红柿丁炒软，加入面条和剩余调料拌炒，至汤汁收干即可。

加餐：不可忽视的营养补充

对于宝宝来说，加餐十分重要，这是因为宝宝成长发育得非常快，其机体对热量和营养物质的需求十分旺盛，单是一日三餐提供的热量和营养物质无法完全满足宝宝的正常需求。

一般说来，加餐提供给宝宝的热量应该占全天热量的 10% 左右。妈妈可以在宝宝的 3 次正餐之间给宝宝安排两次加餐，时间可以安排在两餐之间，有时也可安排在晚间。

妈妈要重视宝宝的加餐，要像看待正餐一样看待加餐。给宝宝加餐，最好选择比较容易消化的食物，量也一定控制好，既要让宝宝吃得饱，也要让宝宝吃得好。若是在晚间加餐，

最好不要选择甜食，否则会影响宝宝的睡眠，并容易让宝宝长蛀牙。

此外，宝宝吃加餐时，应该像吃正餐一样正式，要饭前洗手漱口，进食时坐下来专心吃，一定不要让宝宝边吃边玩，这样既不卫生，也容易分散宝宝的注意力，影响宝宝消化液的分泌。

宝宝营养餐

❀ 墨鱼蒸饺

材料： 饺子皮 300 克，墨鱼肉 500 克。

调料： 鸡精、白糖、盐、麻油各适量。

做法：

❶墨鱼肉洗净，剁碎，加入所有调料后拌匀成馅。

❷饺子皮光滑面朝上，放入适量馅料，捏紧后即成饺子生坯。

❸饺子生坯上蒸笼，入煮沸的蒸锅内，用大火蒸 8 分钟至熟，取出装盘即可。

胡萝卜蛋黄羹

材料： 蛋黄 1 个，胡萝卜丁、菠菜叶各适量。

做法：

① 蛋黄打散，加入适量水，调稀。

② 放入蒸笼，用中火蒸 5 分钟。

③ 将胡萝卜丁和菠菜叶煮软，磨成碎末，放在蛋黄羹上即可。

面包渣煎鱼

材料： 净银鳕鱼块 200 克，鸡蛋 1 个。

调料： 面包渣、面粉、盐各适量。

做法：

① 银鳕鱼块洗净，用餐纸蘸干；鸡蛋打散后放盐拌匀；面包渣、面粉撒在盘子底。

② 平底锅放油烧热，将鱼块双面依次蘸上面粉、鸡蛋液、面包渣，放入锅内，两面各煎 3 分钟至熟即可。

油菜蒸饺

材料： 饺子皮 600 克，香菇丁、软粉丝段、鸡蛋碎、油菜（取汁）、虾皮各适量。

调料： 酱油、香油各适量，盐、白胡椒粉各少许。

做法：

① 除饺子皮外的材料和调料混合，调成馅料。

② 饺子皮内放入适量馅料，捏紧，做成饺子生坯。

③ 将饺子生坯入蒸笼，大火蒸 8 分钟至熟即可。

鸡蛋菠菜汤圆

材料： 糯米粉 200 克，鸡蛋 1 个，菠菜 200 克，胡萝卜片适量。

调料： 盐、白糖、味精、胡椒粉、香油各少许。

做法：

① 菠菜洗净，入沸水略焯，捞出沥干水分，切末；鸡蛋打散，下油锅摊成鸡蛋皮，切末。

② 将鸡蛋末、菠菜末混合在一起，加入调料拌匀成馅。

③ 糯米粉加水揉成面团，取 1/10 蒸熟后与其余部分揉匀，搓成条，切成剂子。

④ 剂子捏成窝状，放入馅料捏紧，搓圆成生坯。

⑤ 将汤圆生坯置于箅子上，移入蒸锅中，用大火蒸 5 分钟即可。

黄豆玉米发糕

材料： 玉米面粉 150 克，低筋面粉 200 克，黄豆面粉 30 克。

调料： 白糖 60 克，酵母少许。

做法：

① 将玉米面粉、低筋面粉、黄豆面粉放入容器中混合均匀，加入酵母、白糖和适量温水，搅拌均匀，调成面糊。

② 将调好的面糊放入用来蒸制发糕的容器内，醒发 1 小时。

③ 将醒发好的面糊放入蒸锅内，盖上盖子用大火蒸 20 分钟，取出切块装盘即可。

❀ 咖喱炸饺

材料： 中筋面粉、猪五花肉末各 250 克，洋葱末 150 克，葱末、姜末各适量。

调料： 咖喱粉 15 克，料酒、盐、鸡精、植物油各适量。

做法：

❶ 面粉中加入咖喱粉、植物油和适量水调成面团；肉末加入洋葱末、葱末、姜末及其他调料拌成馅料。

❷ 面团制成饺子皮，再包入馅料，放入锅中炸熟即可。

❀ 冬瓜猪肉馄饨

材料： 馄饨皮、冬瓜、猪肉末各 200 克。

调料： 葱末、芹菜叶各少许，盐、鸡精各适量。

做法：

❶ 冬瓜洗净后剁丁，加盐腌一下，沥干水分，再与猪肉末混合，加盐、鸡精及葱末拌成馅料。

❷ 取馄饨皮，放入适量馅料，捏成馄饨生坯。

❸ 入沸水锅中煮熟后盛碗，点缀芹菜叶即可。

❀ 葡萄干糯米饼

材料： 糯米粉 240 克，葡萄干 50 克，白糖 80 克。

做法：

❶ 糯米粉与白糖混合均匀，加 200 毫升清水和成米团；葡萄干洗净，放入和好的米团中揉匀。

❷ 把米团分成 8 等份，分别用手搓圆，压成圆饼。

❸ 平底锅倒少许油烧热，放入糯米饼生坯，用小火煎至两面金黄色即可。

❀ 豆角火烧

材料：豆角、猪肉各 200 克，葱末适量，发酵面团 300 克。

调料：鸡精、十三香、盐各少许。

做法：

① 豆角、猪肉分别洗净、切末。

② 锅内倒入花生油烧热，加葱末炒香，再倒入豆角末、猪肉末炒至将熟，加入盐、鸡精、十三香调味，制成火烧馅。

③ 取发酵面团切成小剂子，分别擀成圆形薄饼，包入火烧馅，做成火烧生坯，上锅烙熟即可。

❀ 桂花南瓜糕

材料：南瓜块 300 克，吉利丁片 10 克。

调料：桂花酱适量。

做法：

① 南瓜块入锅蒸熟，捣成泥，加泡软的吉利丁片拌匀成南瓜糕，放入冰箱冷藏。

② 将凝固好的南瓜糕取出，用小刀在周围划一圈，倒入凉开水让其渗入，再将多余的水倒掉，将南瓜糕倒扣出来，切小块，淋入桂花酱即可。

贴心小叮咛

　　如果觉得颜色比较单调，可以在上面放提子、苹果丁或红枣肉等，宝宝也会更加喜欢。

金黄小煎饼

材料： 小米面 200 克，黄豆面 40 克。

调料： 白糖 60 克，酵母 3 克。

做法：

❶ 将小米面、黄豆面放入容器中，加入白糖、酵母搅拌均匀，倒入 240 毫升清水，继续搅拌，直至面糊均匀无颗粒，醒发 4 小时，之后再次搅拌成均匀的糊状。

❷ 平底锅倒油烧至四成热，用汤勺舀起适量面糊，倒入平底锅内，摊成圆饼状，用小火煎至两面金黄色熟透即可。

香芋南瓜卷

材料： 面团 400 克，香芋、南瓜各 150 克，法香少许。

调料： 白糖适量，酵母少许。

做法：

❶ 面团中放入化开的白糖和酵母，揉匀成光滑面团，盖上湿布醒发 2~2.5 个小时；香芋、南瓜洗净去皮切片。

❷ 将发好的面团揉成长条，分成每个 30 克的剂子，再将剂子擀成长日字形面皮，将切好的同样大小的香芋片、南瓜片包入面皮中捏好，做成生坯，醒发 40 分钟。

❸ 将醒发好的生坯放入蒸锅蒸 20 分钟，关火静置 3 分钟，取出摆盘，用法香点缀即可。

❀ 蒜薹猪肉馄饨 ❀

材料： 馄饨皮 200 克，猪肉 100 克，蒜薹 120 克。

调料： 盐、鸡精、植物油各适量。

做法：

❶ 蒜薹洗净，切丁，加少许盐稍腌后沥干水分；猪肉洗净，切末；两者混合，加入盐、鸡精、植物油拌匀成馅料。

❷ 取馄饨皮，放入适量馅料，捏成馄饨生坯。

❸ 将馄饨生坯放入沸水锅中煮熟后盛碗即可。

❀ 蜂蜜南瓜饼 ❀

材料： 南瓜 200 克。

调料： 蜂蜜、面粉、面包糠各适量。

做法：

❶ 南瓜洗净，去皮，切小块，入蒸锅蒸熟后捣成泥。

❷ 南瓜泥中加入蜂蜜、面粉，做成大小一样的圆饼，粘上面包糠。

❸ 锅置火上，倒入适量油烧至四成热，放入圆饼炸熟至金黄色即可。

第四章

必需营养素，
让宝宝长得棒棒哒

食物中的营养素有很多种，有些元素和物质是绝对不可缺少的，它们被称为"必需营养素"。如蛋白质、某些脂肪、各种维生素、钙、铁、锌等。也有一部分营养素是人体可以用其他原料自行合成的，所以我们叫"非必需营养素"，如二十碳四烯酸（ARA）、卵磷脂等。但对于处于迅速生长发育阶段的宝宝，这些营养素有可能自己合成得不够，所以也应该注意从食物中及时补充。补充全面的营养，才能保证宝宝的健康及正常生长发育，并保证宝宝有强健的抵抗力。

蛋白质：促进宝宝机体发育的支柱营养

蛋白质是人体必需的一种重要的营养素，处于快速生长发育中的宝宝更是离不开蛋白质。没有蛋白质就没有生命，蛋白质是构成生命的物质基础。对于宝宝来说，一切生命活动都与蛋白质息息相关。宝宝摄入的食物中的蛋白质在体内经过消化分解成氨基酸，吸收后在体内主要用于重新组合成人体蛋白质，同时新的蛋白质又在不断代谢与分解，时刻处于动态平衡中。所以合理的蛋白质摄入量，是增强宝宝抗病力的法宝。

宝宝缺乏蛋白质的表现

宝宝缺乏蛋白质会引起生长发育缓慢；大脑变得迟钝，活动明显减少，精神倦怠；抵抗力下降；偏食、厌食，呕吐；伤口不易愈合；贫血；身体水肿。

蛋白质的食物来源

动物性蛋白质来源：禽蛋、奶酪、牛奶、瘦肉、鱼肉等。

植物性蛋白质来源：大豆、全谷类、面食、栗子、核桃等。

营养素补充小诀窍

动物性蛋白质和植物性蛋白质，都有助于宝宝的生长发育。妈妈可以根据宝宝的月龄大小，把食物处理成宝宝可以接受的状态给宝宝喂食。例如，6个月大的宝宝开始添加辅食，能够吃黏糊浓稠状的食物，这时可以给宝宝喂食蛋黄泥，等到宝宝有咀嚼能力的时候，就可以多喂食一些鸡胸脯肉和鱼肉。为了使宝宝的食物多样化，可以每周吃1～2次鱼、虾及豆制品，平时可以将鸡肉、鸭肉、牛肉等变换着吃。

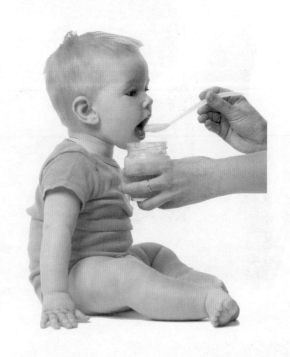

宝宝营养餐

❀ 荸荠鲫鱼

材料： 鲜鲫鱼 1 条，荸荠 150 克，香菜、姜片各适量。

调料： 盐适量。

做法：

❶ 鲫鱼清理干净；荸荠去皮洗净，切小块；香菜洗净，切小段。

❷ 锅置火上，加油烧热，放姜片爆香，下鲫鱼煎炸至金黄色，捞出沥油。

❸ 汤锅置火上，加适量水，放入荸荠块、鲫鱼，大火煮沸 5 分钟，改用小火慢炖，待汤白鱼烂，调入盐，撒上香菜段即可。

（贴心小叮咛）

　　新鲜鱼的眼略凸，眼球黑白分明，眼面发亮；不新鲜的鱼眼下塌，眼面发浑。

❀ 鲢鱼片煮豆腐

材料： 鲢鱼片、豆腐各 100 克，葱末 1 小匙，甜红椒丝、香菜末各少许。

调料： 盐少许。

做法：

❶ 豆腐块放入加有少许盐的沸水中汆烫。

❷ 油锅烧热，下葱末爆香，放鲢鱼片煸炒，加水和豆腐块，大火煮沸，转小火焖煮，再加少许盐调味，撒上甜红椒丝和香菜末即可。

（妈妈喂养经）

　　鱼肉富含胶原蛋白，豆腐富含植物蛋白，两者搭配，营养互补，能促进宝宝大脑和智力发育，增强记忆力。

❀ 鸡蛋麦片奶粥

材料：鸡蛋 1 个（打散），麦片、杏仁各适量。

调料：牛奶、冰糖各适量。

做法：

① 杏仁、冰糖一起放入搅拌机里打成粉。

② 锅里放少量水煮开，加麦片煮熟。

③ 加鸡蛋液继续煮至熟后关火，加牛奶和杏仁粉调匀即可。

❀ 鸡肉蓉汤

材料：鸡胸肉 50 克。

调料：鸡汤适量。

做法：

① 鸡胸肉洗净，剁成鸡肉蓉。

② 在鸡肉蓉中加适量水调匀成糊状。

③ 锅内加适量水，将鸡汤煮开，倒入鸡肉蓉糊，边倒边迅速搅拌，再次煮开即可。

❀ 蟹棒鳕鱼饺

材料：鳕鱼片适量，蟹足棒 8 条，猪肉馅 150 克，黄瓜片、葱花各少许。

调料：猪油 100 克，盐适量。

做法：

① 猪肉馅加葱花、盐、猪油拌匀。

② 将拌好的猪肉馅放在鳕鱼片里包好，装盘，放入蟹足棒和黄瓜片，蒸熟即可。

豆皮炒圆白菜

材料： 豆皮 100 克，圆白菜 500 克，胡萝卜 25 克，鲜香菇 6 朵，葱段、姜片各适量。

调料： 高汤适量，盐、酱油各少许。

做法：

❶ 豆皮切块；圆白菜、胡萝卜、鲜香菇切片。

❷ 油锅烧热，炒香葱段、姜片，再加香菇、豆皮、胡萝卜、圆白菜炒软，加入盐、酱油，倒入高汤，炒匀即可。

凉拌肉末丝瓜

材料： 丝瓜 1 根，熟肉末 20 克。

调料： 香油、酱油、盐、醋各少许。

做法：

❶ 丝瓜去皮洗净，切丝，用沸水氽烫后沥干。

❷ 将丝瓜盛入盘中，混入熟肉末，加入香油、酱油、盐、醋搅拌均匀即可。

豌豆炒虾仁

材料： 豌豆、虾仁各 50 克。

调料： 鸡汤、盐各适量。

做法：

❶ 豌豆洗净；虾仁去虾线洗净。

❷ 锅置火上，放适量油烧至四成热，放入豌豆略炒片刻，加入虾仁再煸炒 2 分钟。

❸ 倒入鸡汤，待煨至汤汁浓稠时，调入少许盐即可。

脂肪：宝宝成长的动力源

脂肪是人体最有效的热量仓库，是构成人体细胞、神经组织和防护保温层的"功臣"，也是提供人体长时间运动的重要能源。所以，妈妈在给宝宝做辅食时，一定不要忽视宝宝对脂肪的摄取。

宝宝缺乏脂肪的表现

宝宝缺乏脂肪会引起皮肤干燥、失水；生长发育速度降低；胃肠道及肝、肾可能发生异常；还有可能引起血小板功能失常、血脂及体脂组成异常；宝宝体质会变差，易感染疾病。

脂肪的食物来源

在各类食物中，宝宝摄取脂肪主要来自于坚果类食物（如花生、芝麻、核桃、开心果等）、动物性食物（如猪肉、黄油、乳制品等）、植物油（如花生油、玉米油、芝麻油、豆油、菜籽油等）。

营养素补充小诀窍

给宝宝调配膳食时，应注意不饱和脂肪酸的供给，因为不饱和脂肪酸是宝宝神经发育、髓鞘形成所必需的物质，如果食物中不饱和脂肪酸供应不足，可能会影响宝宝的神经发育并引起宝宝体重下降。不饱和脂肪酸多存在于植物性脂肪中，因此对宝宝来说，植物性脂肪的营养价值比动物性脂肪相对要高。我们日常食用的豆油、香油、花生油、玉米油、葵花籽油等植物油中都含有丰富的人体必需脂肪酸，这些脂肪酸对于处在生长发育中的宝宝来说是非常有益的。不过，妈妈们还应该认识到，动物性脂肪中的脂溶性维生素含量要比植物性脂肪高，所以动物性食物对宝宝来说也是非常重要的。

此外，母乳中也富含不饱和脂肪酸，而且其质量远比牛奶中的不饱和脂肪酸好。宝宝在月龄小时，以乳类为主食，应当以母乳喂养为首选，在无母乳的情况下，可选用牛乳喂养。而在宝宝增加辅食后，妈妈也不可立即给宝宝断奶，还需重视母乳的作用。

 宝宝营养餐

腰果虾仁

材料： 虾仁 200 克，腰果 50 克，鸡蛋 1 个，葱花、姜末各适量。

调料： 水淀粉、香油、高汤、醋、盐各适量。

做法：

❶ 虾仁去虾线洗净；鸡蛋磕开，留蛋黄，加入盐、水淀粉搅拌均匀，放入虾仁，均匀地蘸上蛋糊。

❷ 锅加油烧热，分别下入腰果、虾仁略炸，捞出沥油。

❸ 锅留底油烧热，加入葱花、姜末、醋、盐和少许高汤炒匀，倒入虾仁、腰果拌炒入味，淋少许香油即可。

八宝鲜奶粥

材料： 莲子、红豆、绿豆、薏苡仁、桂圆干、花生、鲜奶、糯米及葡萄干各适量。

做法：

❶ 锅中加入适量水，煮开后放入莲子、红豆、绿豆、薏苡仁、花生、糯米，大火煮开后改小火焖煮至黏软，放入桂圆干和葡萄干。

❷ 稍微煮片刻后倒入鲜奶，煮开即可。

 妈妈喂养经

　　桂圆补血益气，但性温热，多吃容易上火，即便宝宝爱吃，妈妈也不宜给宝宝吃太多。

❀ 花生酱奶露

材料: 花生酱 50 克，配方奶粉 2 大匙，玉米粉 4 大匙。

做法:

① 花生酱放入锅内，加入配方奶粉及适量温开水搅拌均匀，锅置火上把花生奶酱煮开。

② 将玉米粉加半杯水搅匀后放入花生奶酱中搅拌至稠状即可。

❀ 核桃仁糯米粥

材料: 核桃仁 10 克，糯米 30 克。

做法:

① 将糯米洗净放入锅内，加水后煮至半熟。

② 将核桃仁炒熟，压成粉状，择去皮后放入粥里，煮至黏稠即可。

❀ 三文鱼菜饭

材料: 三文鱼、菠菜叶、米饭各适量。

做法:

① 菠菜叶洗净，切末；三文鱼蒸熟后去骨，捣碎鱼肉。

② 米饭煮沸后加入三文鱼肉，转用小火继续熬煮。

③ 待米饭熟烂后加入菠菜末，煮沸即可。

妈妈喂养经

三文鱼中的不饱和脂肪酸非常有益于宝宝的大脑发育。但对鱼类过敏的宝宝忌食这款配餐。

🌸 腰果汤圆 🌸

材料： 腰果 50 克，糯米粉 200 克。

调料： 白糖 20 克，熟猪油 15 克。

做法：

❶ 锅内倒油烧热，下入腰果小火炸香，捞出，沥干油后碾成碎末。

❷ 将腰果碎、熟猪油和白糖拌匀，调成馅。

❸ 糯米粉中加入适量清水和成糯米团，将糯米团揉成长条，切成剂子。

❹ 将剂子揉成圆形，压扁后包入馅料，捏紧，揉成汤圆。

❺ 锅内加适量清水煮沸，下入汤圆煮熟即可。

🌸 彩色蛋泥 🌸

材料： 熟鸡蛋 1 个，胡萝卜 1/2 根。

调料： 盐少许。

做法：

❶ 胡萝卜洗净，切丝，加少量水煮至胡萝卜丝熟烂，碾成泥糊状后盛出。

❷ 将熟鸡蛋的蛋白、蛋黄分别碾碎，并各自加入少量盐拌匀。

❸ 蛋黄放入小盘中，蛋白放在蛋黄上，上蒸笼用中火蒸 7 ~ 8 分钟，取出，和胡萝卜泥搅拌即成。

糖类：宝宝生长不可或缺的热量来源

糖类物质，俗称碳水化合物，包括单糖、多糖、寡糖，对于宝宝的生长发育来说，糖类是必不可少的营养素和热量源。在宝宝生长发育的过程中，其内脏器官、神经、四肢以及肌肉等部位的发育与活动都必须依靠糖类的支持。而且糖类物质不仅是营养物质，有些还具有特殊的生理活性，如血液中的糖就与免疫活性有关，因而非常重要。

宝宝缺乏糖类的表现

宝宝缺乏糖类物质会引起体温下降；生长发育迟缓；全身无力；精神不振；体重减轻；可能伴有便秘的症状。

糖类的食物来源

各种谷类食物（小麦、黑麦、大麦、全谷面包、糙米等）、蔬菜、各种水果等都是糖类物质很好的食物来源。

营养素补充小诀窍

首先妈妈们要重视宝宝的日常饮食，注重饮食规律，少食多餐。人体内的糖类主要从米饭和面食中摄取，所以妈妈们不要纵容宝宝只吃菜不吃饭，要坚持让宝宝吃主食，并且注意少食多餐。

各种谷类和糖果、水果都可以给宝宝提供糖类。但谷类和水果中除了糖类外还含有很多有益健康的营养素，如维生素C、钾、镁、膳食纤维等。而糖果等甜食中绝大部分是糖，其他营养素的含量很少。所以为宝宝提供糖类时应首选谷类，水果作为辅助。尽量少吃纯粹的甜食。

宝宝活动量很大，妈妈们要注意在运动后给宝宝及时补充糖类物质。不管什么样的运动都会消耗掉体内的热量。而糖类是人体热量的主要来源，在宝宝大量活动后，为宝宝准备一些含糖的食物或饮料，可以有效补充热量。

 宝宝营养餐

🌼 土豆西红柿羹 🌼

材料： 西红柿、土豆各 1 个，肉末 20 克。

做法：

❶ 西红柿洗净去皮，切碎末。

❷ 土豆洗净，放入锅内，加适量水煮熟后去皮，压成泥。

❸ 将西红柿末、土豆泥与肉末一起搅匀，上锅蒸熟即可。

🌼 香浓鸡汤粥 🌼

材料： 鸡肉、大米各 100 克，葱、姜各少许。

调料： 盐少许。

做法：

❶ 将鸡肉切碎，煮烂后取汁；大米洗净。

❷ 取适量鸡肉汤汁与大米一同放入锅中，再加入葱、姜、盐煮熟即可。

🌼 栗子白菜大米粥 🌼

材料： 栗子、小白菜各 30 克，大米粥 3 大匙。

做法：

❶ 将栗子、小白菜分别放入锅中，加入适量水后煮熟，捞出捣烂。

❷ 将大米粥捣烂后盛入小碗内。

❸ 将煮过并捣烂的栗子、小白菜放入大米粥里拌匀即可。

椰菜饭卷

材料： 鲜奶 60 克，熟鸡肉、蘑菇各 20 克，鸡肝 15 克，椰菜叶 2 片，熟米饭、粟粉适量。

调料： 酱油、盐、植物油各适量。

做法：

❶ 鸡肝洗净，蒸熟，切小粒；熟鸡肉切小粒；蘑菇洗净切粒；椰菜叶洗净，入沸水中略焯，捞出去梗。

❷ 熟米饭中加入鸡肝粒、鸡肉粒、蘑菇粒及酱油、盐、植物油、水搅匀，分别放在椰菜叶上包成长卷形，放入盘中蒸 15 分钟。

❸ 锅置火上，放油烧热，放入粟粉、盐及水煮沸，倒入鲜奶搅匀，煮至微沸，淋在饭卷上即可。

素炸酱面

材料： 面条 200 克，黄瓜丝少许，胡萝卜丝、豆干丁、香菇丁、素肉末、毛豆仁各适量。

调料： 素蚝油、素高汤、甜面酱各 1 小匙，豆瓣酱半匙。

做法：

❶ 锅置火上，倒入适量清水煮开，再下入面条煮熟，捞出后盛入碗中。

❷ 油锅烧热，放入甜面酱、豆瓣酱炒香，再放入豆干丁、香菇丁、素肉末、毛豆仁及其余调料炒匀，做成素炸酱。

❸ 将素炸酱盛出后浇在面条上，再放入黄瓜丝和胡萝卜丝拌匀即可。

DHA、ARA：宝宝的"脑白金"

二十二碳六烯酸（DHA）和二十碳四烯酸（ARA）对大脑发育有着重要作用。人脑的组成部分主要是脂类，有一半的脂类含量是由长链不饱和脂肪酸组成，而其中最主要的就是DHA和ARA。其中，DHA是中枢神经系统的重要成分，在宝宝的脑组织内高度聚集，DHA是大脑和视网膜的重要成分，可以促进神经细胞发育，改善人体记忆功能。ARA则是宝宝体格发育的必需营养素，对于正处于黄金生长期的宝宝来说，在饮食中摄取一定量的ARA，更有利于智力和体格的发育，所以一定要注意给宝宝补充DHA和ARA。

宝宝缺乏DHA、ARA的表现

宝宝缺乏DHA、ARA可能会出现生长发育迟缓、皮肤异常、视力下降、智力发育迟缓等情况。

DHA、ARA的食物来源

DHA和ARA这两种营养素主要存在于动物性食物中，如鸡蛋、猪肝、肉类、鲑鱼、大比目鱼、大青花鱼、鲈鱼、沙丁鱼等。其中，鸡蛋、猪肝及肉类含ARA比较丰富，是宝宝补充ARA的主要食物来源。

营养素补充小诀窍

母乳中含有的DHA和ARA均衡且丰富，有助于宝宝大脑的正常发育，因此妈妈们要重视母乳喂养的重要性。但如果妈妈因为种种原因无法进行母乳喂养，而选择用婴儿配方奶粉哺喂宝宝时，应选择含有适当比例DHA和ARA的奶粉。

当有必要时，妈妈们可以在医生的指导下用药剂为宝宝补充DHA和ARA。给宝宝补充DHA和ARA，最常使用的药剂是鱼油。

想要宝宝摄入足够的DHA和ARA，那么辅食就要丰富多样。妈妈制作宝宝的辅食时要多选择含DHA和ARA的食物，如深海鱼类、瘦肉、鸡蛋及猪肝等。值得注意的是，DHA和ARA易氧化，最好与富含维生素C、维生素E及β-胡萝卜素等具有抗氧化作用的食物同食。

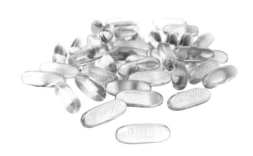

宝宝营养餐

萝卜鱼肉泥

材料：新鲜鱼肉 50 克，白萝卜泥 30 克，葱花少许。

调料：盐、水淀粉、高汤各少许。

做法：

① 将高汤倒入锅中煮开，放入鱼肉煮熟。

② 把煮熟的鱼肉压成泥状，和白萝卜泥一起放入锅内煮沸。

③ 用水淀粉勾芡，撒盐、葱花即可。

金枪鱼沙拉

材料：金枪鱼 70 克，圆生菜、黄瓜、胡萝卜、小西红柿各适量。

调料：沙拉酱少许。

做法：

① 将金枪鱼蒸熟，再用刀背拍松。

② 将其余材料用冷开水清洗干净，沥干水后切丝。

③ 将所有材料用沙拉酱拌匀即可食用。

鸡蛋鱼卷

材料：鱼肉片 500 克，蛋皮丝、洋葱丝、芹菜丝各适量。

调料：黄油、盐各适量。

做法：

① 洋葱丝、芹菜丝入锅中，加盐拌炒，盛出。

② 蛋皮丝加入炒好的菜丝中拌匀，卷入鱼片内，码齐，蒸熟，浇上融化的黄油即可。

银耳白菜猪肝汤

材料： 银耳 10 克，猪肝、小白菜各 50 克，鸡蛋 1 个，姜、葱各适量。

调料： 盐、老抽、淀粉各适量。

做法：

❶ 银耳泡发洗净，去根撕小朵；猪肝切片，放入清水中浸泡 15 分钟以上，然后择洗干净后加淀粉、盐、老抽拌匀腌制片刻；小白菜洗净，切长段；姜切片；葱切段。

❷ 油锅烧至六成热，下入姜片、葱段爆香，注入 300 毫升清水，待水煮开后放入小白菜段、银耳、猪肝片煮 10 分钟，打入鸡蛋煮熟即可。

清炖带鱼

材料： 带鱼 600 克，胡萝卜片、葱花、姜片各适量。

调料： 猪油、料酒适量，盐少许，鸡汤 1000 毫升。

做法：

❶ 将带鱼入温热水中稍泡后剖洗干净，切段。

❷ 锅中加少许猪油，加入鸡汤、料酒和腌入味后洗净的带鱼段、姜片，用大火煮开。

❸ 待汤汁滚沸后加胡萝卜片再炖煮 5 分钟，至带鱼段和胡萝卜片熟透，撒入葱花调味即可。

营养早知道

带鱼富含蛋白质、脂肪，还有丰富的 DHA 和维生素 A、维生素 D，是很好的补虚、养肝食物。

维生素 A：让宝宝的眼睛更明亮

维生素 A 是一种脂溶性维生素，主要贮藏在肝脏中，少量贮藏在脂肪组织中。维生素 A 共有两种形式：一种是最初的维生素 A 的形态，又叫视黄醇，只存在于动物性食品中；另一种是维生素 A 原，又称 β-胡萝卜素，可在人体内转变为维生素 A，是补充维生素 A 的重要形式。

宝宝缺乏维生素 A 的表现

宝宝缺乏维生素 A 会患夜盲症，食欲下降，疲倦，眼睛干涩，骨骼、牙齿软化，生长迟缓，腹泻，皮肤粗糙、角质化，智力发育落后，贫血，免疫力低下。

维生素 A 的食物来源

黄绿色蔬菜，如胡萝卜、茼蒿、菠菜、芥菜、甜椒、芹菜、韭菜等；水果，如蜜柑、杏、柿子、枇杷等；动物内脏，如猪肝、牛肝、鸡肝等；水产品，如鳝鱼、生海胆等；其他还有蛋类、牛奶、牛油等。

营养素补充小诀窍

母乳、全脂奶酪、动物肝脏等食物富含维生素 A，妈妈们在制定宝宝的食谱时，应该考虑多添加一些富含维生素 A 的食材。

因为胡萝卜素可在人体内转化成维生素 A。妈妈应该多给宝宝吃富含胡萝卜素的蔬菜，间接为宝宝补充维生素 A。深绿色有叶蔬菜及黄色蔬菜和黄色水果，如胡萝卜、西红柿、南瓜、甘薯、柿子、玉米和橘子等食物中，都富含胡萝卜素。妈妈可以用这些食材给宝宝做汤粥或果汁，以保证宝宝对维生素 A 的需求。

胡萝卜素可在人体内转化成维生素 A，而脂肪则有助于胡萝卜素的吸收，所以在食用含胡萝卜素较多的食物时，妈妈应在宝宝的食谱中适量搭配富含油脂的食物，以利于宝宝对胡萝卜素的吸收。

宝宝营养餐

黑枣桂圆汁

材料：黑枣 1 大匙，桂圆肉 1/2 大匙。

调料：红糖适量。

做法：

① 将黑枣、桂圆肉分别洗净。

② 黑枣、桂圆肉放入锅中，加入适量清水及红糖调匀，隔水炖 40 分钟即可。

胡萝卜水果泥

材料：苹果 1/2 个，胡萝卜 30 克。

调料：柠檬汁少许。

做法：

① 苹果去皮，切适量果肉。

② 胡萝卜洗净，与苹果肉一同刨碎，放入小碗里。

③ 将柠檬汁加入做法 2 的材料中搅拌均匀即可。

红枣蛋黄泥

材料：红枣 20 克，鸡蛋 1 个。

做法：

① 将红枣洗净，放入沸水中煮 20 分钟至熟，捞出，去皮、核后，剔出红枣肉。

② 鸡蛋煮熟取蛋黄，加入红枣肉，用勺背压成泥状，拌匀后即可。

✿ 黑豆糙米浆

材料： 糙米 50 克，黑豆 10 克。

调料： 白糖 40 克。

做法：

① 黑豆和糙米分别洗净，浸泡约 4 小时，洗净沥干。

② 将黑豆和糙米放入果汁机内，加入凉开水搅打均匀，滤出浆，再倒入锅中加热至沸腾，加入白糖搅拌至溶后即可。

✿ 鲜香牛肉面

材料： 牛肉丝 2 大匙，细面条 30 克，菠菜 100 克。

调料： 骨头汤、盐各适量。

做法：

① 菠菜洗净，氽烫后切末；牛肉丝切小段；细面条切小段，备用。

② 将骨头汤放入锅中加热至沸腾，放入牛肉丝煮熟。

③ 放入细面条，加菠菜末，煮熟后放盐调味即可。

✿ 金瓜枸杞粥

材料： 小南瓜 70 克，熟米饭 200 克，枸杞子 8 颗。

调料： 高汤 3 杯，白胡椒粉、盐各少许。

做法：

① 小南瓜切片，氽烫；枸杞子浸泡 10 分钟后沥干。

② 将高汤倒入锅中，放入小南瓜片慢熬至入味，捞出小南瓜片，留下汤汁，加入熟米饭煮至软烂。

③ 加枸杞子、白胡椒粉、盐，再倒入小南瓜片即可。

维生素 C：增强宝宝的免疫力

维生素 C 有一个重要的角色，就是在胶原组织的形成上起到很重要的作用，而胶原蛋白则是关系人体组织细胞、血管、牙龈、牙齿、骨骼成长与修复的关键物质。若胶原质不足，细胞组织就容易被病毒或细菌侵袭，人体就容易患病。所以，维生素 C 具有提高人体抗病能力、抑制有害菌活性的作用。对于宝宝来说，同样如此。所以，妈妈不要忘记及时给宝宝补充维生素 C。

宝宝缺乏维生素 C 的表现

宝宝缺乏维生素 C 会引起牙龈红肿，牙齿松动；容易受伤、擦伤，易流鼻血，关节疼痛；缺乏食欲，消化不良，体重减轻，身体虚弱；呼吸短促，脸色苍白；发育迟缓，骨骼形成不全；易患贫血、感冒。

维生素 C 的食物来源

蔬菜：甘蓝、甜椒、白菜、豌豆、胡萝卜、生菜、西红柿等。

水果：苹果、柑橘、葡萄、草莓、猕猴桃、梨等。

营养素补充小诀窍

蔬菜和水果中都富含维生素 C，妈妈应该经常给宝宝用蔬菜和水果做食物，满足宝宝对维生素 C 的营养需求。但是，妈妈要注意，由于维生素 C 容易氧化，并且热度很敏感，在烹调的过程中容易被破坏，所以在做菜时要遵循方式简单、现做现食的原则，如烹调时可先蘸上面粉油炸，这样可减少维生素 C 流失，而且容易被肠道吸收。

有必要时，还可以给宝宝服用维生素 C 补充剂。夏季天气热时，如果宝宝活泼好动，出汗量急剧增加，就会导致维生素 C 流失。这时，妈妈可以在医生的指导下，利用维生素 C 补充剂来为宝宝补充维生素 C。

🥕 宝宝营养餐

❀ 草莓羊奶炼乳 ❀

材料：草莓 150 克，羊奶 1 杯。

调料：炼乳 1 小匙。

做法：

❶ 草莓洗净，沥干水分，去蒂后切成小块。

❷ 将草莓块放入榨汁机内，加入羊奶和炼乳搅打均匀即可。

❀ 牛奶炖西蓝花 ❀

材料：西蓝花 20 克。

调料：牛奶 2 大匙，盐少许。

做法：

❶ 西蓝花洗净，放入开水中煮至熟软，切碎。

❷ 锅置火上，倒入牛奶煮沸，加入碎西蓝花煮沸后，调入盐即可。

❀ 水果糯米粥 ❀

材料：糯米 20 克，猕猴桃、水蜜桃、西红柿各 40 克，葡萄干适量。

做法：

❶ 猕猴桃去皮切丁，水蜜桃、西红柿分别洗净切小丁。

❷ 糯米洗净泡 1 个小时倒入锅中煮至八成熟，再放猕猴桃丁、水蜜桃丁、西红柿丁，煮熟后撒上葡萄干即可。

胡萝卜西红柿蛋汤

材料： 胡萝卜、西红柿各适量，鸡蛋 1 个（打散），姜、葱适量。

调料： 盐少许，清汤适量。

做法：

❶ 胡萝卜、西红柿分别去皮，切片；姜去皮，切丝；葱切末。

❷ 起锅热油，放入姜丝、胡萝卜片，翻炒后注入清汤，用中火煮开。

❸ 待胡萝卜片熟时，下入西红柿片，调入盐，倒入鸡蛋液，撒上葱末即可。

贴心小叮咛

　　西红柿有一定的酸味，如果宝宝不喜欢，可以放入少量的糖。

香豆干菠菜

材料： 菠菜 200 克，香豆腐干 2 块，熟瘦肉、虾米、姜末各适量。

调料： 盐、白糖、香油各适量。

做法：

❶ 将菠菜去老叶，洗净，汆烫后捞出沥干，剁碎末，加入盐、白糖、姜末拌匀。

❷ 虾米洗净，泡软后剁成碎末。

❸ 香豆腐干和熟瘦肉切末，与虾米末一起倒在菠菜末中，淋入香油拌匀即可。

B 族维生素：促进宝宝代谢

B 族维生素是人体新陈代谢不可缺少的物质，其种类很多，主要有维生素 B_1、维生素 B_2、维生素 B_6、维生素 B_{12}、烟酸、泛酸、叶酸等。宝宝体内如果缺少 B 族维生素，可能会导致细胞功能下降，引起代谢障碍，引发营养不良，对于月龄小的宝宝更是如此。

宝宝缺乏 B 族维生素的表现

宝宝缺乏 B 族维生素易感染结膜炎、角膜炎、口角炎、舌炎等炎症；出现舌头肥大、水肿等症状；出现肠胃消化不良、胀气等消化系统障碍。

B 族维生素的食物来源

含维生素 B_1 的食物：各种蔬菜、酵母、米糠、全麦、燕麦、麦麸、花生、猪肉等。

含维生素 B_2 的食物：绿叶蔬菜、牛奶、奶酪、鱼、蛋类等。

含维生素 B_6 的食物：燕麦、花生、核桃、小麦麸、麦芽、动物内脏、糙米、鸡蛋等。

含叶酸的食物：酵母、蛋黄、全麦面粉、牛奶、菠菜、油菜、圆白菜、白菜、四季豆、哈密瓜、杏、香蕉、柠檬、桃等。

含维生素 B_{12} 的食物：牛肉、蛋类、牛奶、动物肝脏、螺旋藻类等。

营养素补充小诀窍

B 族维生素有很多种，而且相互之间可以起到互补的作用，所以妈妈在帮助宝宝摄取 B 族维生素时，最好同时帮助其摄入各种 B 族维生素。例如，维生素 B_1 与维生素 B_2、维生素 B_6 一起均衡摄取，效果较好。

宝宝营养餐

❀ 芦笋蛋奶 ❀

材料： 熟蛋黄 1/2 个，芦笋 20 克。

调料： 配方奶 1 大匙。

做法：

① 将熟蛋黄压泥，加入配方奶拌匀后盛入碗里。

② 芦笋洗净，切小丁，煮软后取出捣成泥状，放在蛋奶中即可。

❀ 百合黄瓜 ❀

材料： 鲜百合 80 克，黄瓜 100 克。

调料： 盐少许。

做法：

① 鲜百合洗净，掰开；黄瓜洗净，切薄片。

② 锅置火上，放入适量油后烧热，加入百合略炒。

③ 待百合炒至四成熟时放入黄瓜，用大火爆炒几下，加入盐翻炒均匀即可。

❀ 蛋粉苋菜汤 ❀

材料： 苋菜 100 克，粉丝 20 克，鸡蛋 1 个。

调料： 盐少许。

做法：

① 苋菜撕开；粉丝剪段，泡发；鸡蛋打散后搅匀。

② 油锅烧热，将鸡蛋液摊成蛋饼后切丝。

③ 锅留少许底油，再放苋菜煸炒片刻，倒入粉丝加水煮开，撒入蛋丝、盐调匀即可。

美味杂粮粥

材料：糙米、燕麦、绿豆、糯米、薏苡仁各 10 克。

调料：白糖适量。

做法：

❶ 将糙米、绿豆、薏苡仁、糯米均洗净，用冷水浸泡 1 小时。

❷ 锅置火上，加适量水，放入燕麦、糙米、绿豆、薏苡仁、糯米以中小火煮熟，加入白糖再煮片刻即可。

芹菜焖豆芽

材料：绿豆芽 50 克，芹菜 1 根，姜、葡萄干各少许。

调料：盐、高汤各适量。

做法：

❶ 芹菜切段；姜去皮，切碎；葡萄干浸泡 20 分钟。

❷ 油锅烧热，炝香姜末，再放入芹菜段、高汤略煮，然后加入绿豆芽和葡萄干，再煮 5 分钟，然后加盐调味，收干汤汁即可。

蔬菜鲑鱼沙拉

材料：鲑鱼肉 15 克，圆白菜 1/6 片，白萝卜、橘子各 1/4 个，沙拉酱少许。

做法：

❶ 圆白菜、白萝卜分别洗净，切丁煮软；橘子剥去薄膜，一半捣碎，一半切小丁。

❷ 鲑鱼肉洗净，煮熟后剁碎，将全部材料（橘子丁除外）用沙拉酱拌匀。装盘时加橘子丁作装饰即可。

🌸 豆腐鱼肉饭仔

材料： 大米 30 克，豆腐蒸鱼（已蒸熟）。

调料： 生抽、熟油适量。

做法：

❶ 将豆腐蒸鱼拣去鱼骨，把鱼肉和豆腐弄碎，加入少许生抽、熟油。

❷ 大米洗净，加适量清水，浸泡 1 小时。

❸ 小煲内放入适量水，放入米及浸米的水，开火煲沸，慢火煲成浓糊状的烂饭，加入鱼肉、豆腐，搅匀煲沸即可。

营养早知道

　　做这道菜的时候宜选择深海鱼肉，因为深海鱼的营养比淡水鱼更丰富一些，更有利于宝宝吸收。

🌸 红烧鲻鱼

材料： 鲻鱼 1 条，葱、大蒜、姜各适量。

调料： 盐、料酒、酱油、白糖各适量。

做法：

❶ 鲻鱼清洗干净，在鱼身两侧剞斜刀，用盐轻擦；葱去皮，切花；蒜去皮，切末；姜去皮，切丝。

❷ 锅置火上，放入适量油，待油五成热时，放入鲻鱼，待煎炸至两面呈金黄色时，放入葱花、蒜末、姜丝，爆香。

❸ 淋入少许料酒、酱油和白糖，稍煎片刻，倒入适量开水，用中火炖 15 分钟，至汤汁浓稠即成。

维生素 D：宝宝体内的钙质"搬运工"

维生素 D 是人体非常重要的营养元素，能促进食物中钙的吸收，并参与钙的代谢。此外，维生素 D 对宝宝骨骼的形成和发育极为重要，同时也会影响宝宝的神经肌肉、造血组织和免疫器官的功能。

宝宝缺乏维生素 D 的表现

宝宝缺乏维生素 D 会导致佝偻病、手足搐搦症、骨软化病、骨质疏松症等多种病症。

维生素 D 的食物来源

正常食物中的维生素 D：维生素 D 主要来源于动物性食物，主要存在于海产鱼类、蛋类和黄油等食物中。

维生素 D 强化食品：多为奶类食品和婴儿食品。

天然浓缩食物：主要是鱼肝油。妈妈需要注意的是，在给宝宝选择鱼肝油和维生素 D 强化食物时，一定要遵照医生的嘱咐，不可过量，以免引起中毒。

营养素补充小诀窍

补充维生素 D 的途径与其他营养素略有不同，除了重视食物来源之外，还要重视宝宝自身的合成制造，这就需要多晒太阳。妈妈可以多带宝宝到室外晒太阳，接受更多的阳光照射，可以预防维生素 D 的缺乏。早上 10：00 前或下午 15：00 后外出晒太阳比较好。

宝宝营养餐

❀ 蛋黄豌豆糊

材料：豌豆 100 克，熟蛋黄 1 个，大米 50 克。

做法：

① 豌豆去掉豆荚，淘洗干净，剁成豆蓉。

② 熟蛋黄压成泥。

③ 大米洗净，浸泡 2 小时，连水、豌豆蓉一起煲成半糊状，拌入蛋黄泥煮约 5 分钟即可。

❀ 小海鱼米粥

材料：小海鱼 1 条，大米粥 3 大匙。

做法：

① 小海鱼洗净，去皮、刺，捣碎后备用。

② 将大米粥与捣碎的小海鱼一同放入锅中，煮熟后小火焖片刻即可。

❀ 香芋豆皮卷

材料：香芋、豆腐皮各 100 克，虾米 50 克。

调料：番茄酱、白糖、醋、盐、鸡精各适量。

做法：

① 香芋洗净煮熟；豆腐皮切小块后汆烫至熟。

② 香芋揉成泥，加盐调味，用豆腐皮包卷好，备用。

③ 虾米洗净后与番茄酱、白糖、醋、鸡精搅成味汁，淋在香芋豆皮卷上即可。

虾米油菜炒蘑菇

材料： 油菜 300 克，鲜蘑菇 50 克，虾米 2 大匙。

调料： 姜、白糖、盐、香油各适量。

做法：

❶ 油菜洗净切段；虾米用开水浸泡；鲜蘑菇切小块，加入开水汆烫；姜切末。

❷ 油锅烧热，稍煸姜末，放入虾米煸炒，加入油菜段、蘑菇块炒熟，再加入白糖、盐炒匀，淋上香油即可。

柠汁煎三文鱼

材料： 三文鱼 1 段，百里香碎、薄荷适量。

调料： 橄榄油、柠檬汁、盐各适量。

做法：

❶ 三文鱼洗净，切大片，加柠檬汁、盐、百里香碎腌渍 10 分钟。

❷ 煎锅置火上，加少许油烧热，放入三文鱼片煎熟，捞出，控油。

❸ 锅中放入少量橄榄油，撒入百里香碎，加盐、薄荷、柠檬汁调成汁，将调好的汁浇在三文鱼上即可。

营养早知道

三文鱼具有很高的营养价值，富含维生素 D 等，能促进机体对钙的吸收和利用，有助于生长发育；柠檬汁有开胃消食的功效。

维生素 E：宝宝体内最重要的抗氧化剂

维生素 E 是一种脂溶性维生素，它是人体内最重要的抗氧化剂之一。维生素 E 可以保护血红细胞、调节血小板的黏附力和抑制血小板聚集，从而降低罹患心肌梗死和脑梗死的概率；降低血液中胆固醇的含量，预防动脉粥样硬化；促进蛋白质合成；抗衰老；维持机体正常生育功能；改善眼部血液循环，预防近视眼的发生和发展。

宝宝缺乏维生素 E 的表现

宝宝缺乏维生素 E 的表现为容易患溶血性贫血；皮肤粗糙干燥、弹性变差、容易脱屑；视力受影响，眼睛容易干涩流泪；生长发育迟缓等。若情况严重，可引发维生素 E 缺乏症，严重影响宝宝的健康。

维生素 E 的食物来源

各种油料种子及植物油，如麦胚油、玉米油、花生油、芝麻油等都含有丰富的维生素 E；一些水果蔬菜，包括猕猴桃、菠菜、圆白菜、菜花、羽衣甘蓝、莴笋、甘薯、山药等都是维生素 E 的重要来源。某些谷类、坚果、谷物的胚芽、肉、蛋、奶等食物也是维生素 E 的良好来源。

营养素补充小诀窍

补充维生素 E 的最好途径是食补，妈妈们在给宝宝准备食物时要注重膳食的均衡，多给宝宝食用富含维生素 E 的食物。

此外，研究发现维生素 C 与维生素 E 都有抗氧化作用，且相互协同，但是大剂量维生素 C 会降低维生素 E 的抗氧化能力，因此当宝宝的饮食中维生素 C 的摄入量较大时，要相应地给宝宝增加维生素 E 的摄入。

维生素 E 一般不易缺乏。如果怀疑宝宝缺乏维生素 E，建议到医院请医生来认定。一般通过改善饮食就可以纠正维生素 E 的缺乏，如果宝宝确实需要补充维生素 E，应在医生指导下进行。

🥕 宝宝营养餐

❀ 山药鸡腿莲子汤 ❀

材料： 山药 100 克，鸡腿 1 个，莲子 5 颗，净豌豆苗 80 克。

调料： 高汤 300 毫升，盐、胡椒粉各少许。

做法：

❶ 山药去皮，洗净，切成条状；鸡腿切块，入沸水中汆烫，捞出。

❷ 油锅烧热，加入高汤煮沸，放入鸡腿块、莲子和山药条，以小火炖煮约 80 分钟，最后放入豌豆苗稍焖，加盐及胡椒粉调味即可。

❀ 莴笋炒香菇 ❀

材料： 莴笋 150 克，鲜香菇 100 克，胡萝卜 50 克，蒜片适量。

调料： 盐、水淀粉、熟油各适量。

做法：

❶ 莴笋、胡萝卜分别去皮洗净，切片；鲜香菇洗净切片。

❷ 锅置火上，加油烧热，下鲜香菇片，用小火炒熟，盛出。

❸ 锅留底油烧热，下蒜片爆香，加入莴笋片、胡萝卜片炒至快熟，再加香菇片、盐炒透，用水淀粉勾芡，淋入熟油即可。

❀ 甘薯苹果汤

材料： 甘薯 200 克，苹果 1 个，海带 10 克，枸杞子、芹菜梗各适量。

调料： 盐少许。

做法：

① 苹果洗净切块；甘薯去皮洗净，切成小块；海带用清水浸泡 5 ~ 10 分钟，捞起沥干切丝；枸杞子洗净，泡水 1 分钟，沥干；芹菜梗洗净切末。

② 将甘薯块、苹果块放入电饭锅内，加入 2 格水，按下开关。

③ 待开关跳起后再焖 5 分钟，加入海带丝、枸杞子，再次按下开关。

④ 等开关再次跳起后，加入芹菜梗末、盐调匀即可。

❀ 双花炒鸡球

材料： 鸡肉 150 克，菜花、西蓝花各 1 小棵，香菇 3 朵，姜末适量。

调料： 盐、料酒、胡椒粉、酱油、水淀粉、干淀粉各适量。

做法：

① 菜花和西蓝花分别洗净，切朵；香菇洗净切块；鸡肉洗净切花，加少量油拌匀，依次加入酱油、料酒、胡椒粉、干淀粉腌渍片刻；将菜花、西蓝花、香菇分别放入沸水中汆烫，捞出沥干。

② 锅内放油烧热，放入鸡肉炒至八成熟，盛出。

③ 锅留底油，放入姜末煸香，放菜花、西蓝花、香菇块、鸡肉炒匀，加盐调味，加水淀粉勾芡炒匀即可。

钙：宝宝骨骼生长必需的元素

钙是骨骼中矿物质的主要成分之一，钙在骨骼中沉积得越多，骨骼就变得越坚实。宝宝骨骼细胞的代谢十分活跃，陈旧的骨组织不断地被破坏、分解和吸收，新的骨组织又不断地形成，所以每天都要让宝宝摄入足够的钙。

宝宝缺钙的表现

宝宝缺钙会出现牙齿松动，肌肉麻木、刺痛和痉挛；易患小儿佝偻病，如鸡胸、膝内翻、膝外翻等；还会出现夜间盗汗、夜惊、夜啼、爱哭闹、生长迟缓等现象。

钙的食物来源

食物中大都含有不同量的钙，其中，宝宝对鲜奶及奶制品中所含的钙吸收率是最高的。

其他含钙丰富的食物也非常多，如芝麻酱、蚕豆、虾皮、海参、小麦、燕麦片、豆制品、鱼子酱、干无花果、绿叶蔬菜等，都含有较多的钙。宝宝最好每天都摄入一定量的奶制品，这是有效的补钙方法之一。

营养素补充小诀窍

对于人工喂养的宝宝，每天饮用配方奶的量只要控制在 700 ~ 800 毫升，钙的摄入量就可以满足宝宝的需求了；6 个月及以上的宝宝则可以通过食用含钙量丰富的辅食进行补钙。

维生素 D 有促进体内钙的吸收，强壮骨骼的作用，钙与维生素 D 同补，强健骨骼的效果会更好。经常晒天阳，可以使宝宝体内合成维生素 D，维生素 D 则可以促进宝宝对食物中钙的吸收。

🥕 宝宝营养餐

🌼 鹌鹑蛋奶 🌼

材料： 鹌鹑蛋 2 ～ 3 个。

调料： 配方奶粉、白糖各适量。

做法：

❶ 配方奶粉加入适量开水煮沸；鹌鹑蛋去壳，加入煮沸的配方奶中。

❷ 待鹌鹑蛋煮至刚熟时关火，加入适量白糖调味即可。

🌼 黑木耳烧豆腐 🌼

材料： 熟豆腐丁 400 克，水发黑木耳丁 50 克，火腿丁 40 克，葱末适量。

调料： 盐、水淀粉、鲜汤各适量。

做法：

❶ 油锅烧热，下葱末爆香，放入黑木耳丁煸炒几下，加入鲜汤、豆腐丁，煮开后加盐调味。

❷ 用水淀粉勾芡，撒上火腿丁翻匀即可。

🌼 白菜虾皮肉丝 🌼

材料： 瘦猪肉 50 克，白菜 100 克，虾皮适量。

调料： 高汤、水淀粉、盐各适量。

做法：

❶ 将白菜切成菜丝；猪肉切细丝，加入水淀粉、盐上浆，用热油滑开捞出，沥一下。

❷ 锅内热油，下白菜丝、虾皮煸炒，放盐、高汤焖透，再将肉丝放入拌匀，淋水淀粉搅成糊状即可。

🌼 苦瓜鱼片汤

材料： 胡萝卜 20 克，苦瓜、草鱼肉各 100 克，鸡腿菇 15 克。

调料： 姜、盐、清汤、白糖各少许。

做法：

① 苦瓜去籽，切片；鱼肉切片；胡萝卜、鸡腿菇、姜分别洗净，切片。

② 锅内水开时，放入苦瓜片、胡萝卜片，氽烫后捞出沥干。

③ 另起锅热油，放入姜片、鸡腿菇片炒香，注入清汤，煮开后放入苦瓜片、胡萝卜片、鱼片，调入盐、白糖，用大火煮透即可。

🌼 豆腐肉糕

材料： 猪肉 200 克，豆腐 100 克，葱末适量。

调料： 香油、酱油、盐、干淀粉各少许。

做法：

① 将猪肉洗净，剁碎，用酱油、盐、适量干淀粉搅拌成肉馅。

② 豆腐用沸水氽烫，沥干水分后切碎，加入拌好的肉馅、剩余干淀粉、盐、香油、葱末和少量水，搅拌成泥状。

③ 将猪肉豆腐泥一起盛在小碗内，放入蒸锅中，蒸 15 分钟至熟即可。

❀ 虾皮碎菜包 ❀

材料： 虾皮 5 克，小白菜 50 克，鸡蛋 1 个（取蛋液），自发面粉适量。

调料： 香油、盐各适量。

做法：

❶ 虾皮用温水洗净泡软后切末，鸡蛋液打散炒熟。

❷ 小白菜洗净后略汆烫，切末，与虾皮、炒好的鸡蛋、香油、盐混合后调成馅料。

❸ 将自发面粉和好，略醒一醒，制成包子皮，包入馅料成提褶小包子，上笼蒸熟即可。

（妈妈喂养经）

小白菜经汆烫后可去除部分草酸，更有利于钙被宝宝身体吸收。

❀ 猕猴桃炒虾球 ❀

材料： 虾仁 300 克，鸡蛋 1 个，猕猴桃 100 克，胡萝卜 20 克。

调料： 盐、淀粉各适量。

做法：

❶ 虾仁去虾线洗净；鸡蛋打散，加入少许盐、淀粉拌匀；猕猴桃剥皮，切丁；胡萝卜去皮，切丁。

❷ 锅置火上，加油烧热，放入虾仁炒熟，然后加入胡萝卜丁、猕猴桃丁翻炒均匀，浇入拌好的蛋液炒熟，加盐调味即可。

铁：血液中必不可少的元素

铁是血红蛋白里很重要的成分，它参与血红蛋白的构成与氧的携带，为整个身体供氧。因此，妈妈平时要给宝宝补充充足的铁质，以保证其身体发育的需要。宝宝出生后，体内会储存一定的铁，暂时可以满足宝宝的生长发育所需。但宝宝长到 5～6 个月时，其体内储存的铁已经耗尽，而此时宝宝正处在生长发育的关键阶段，需要大量的营养，这个时候需要及时给宝宝补充铁质，以保证宝宝的营养需求。

宝宝缺铁的表现

宝宝长期缺铁，容易造成贫血，这样会引起宝宝体内缺氧，而大脑缺氧会影响宝宝的智力发育，使宝宝智力发育迟缓，比同龄宝宝智商低；缺铁还会影响脏器，如胃肠道出现功能障碍，影响消化吸收，进而影响宝宝的生长发育，使宝宝发育迟缓、个头矮小。

铁的食物来源

海带、紫菜、黑木耳、猪肝、菠菜等食物中含铁量比较高，豆类、蛋类和芹菜等食物中也含有丰富的铁质。植物性食物中的含铁量虽高，却不易被人体吸收，所以可将植物性食物和动物性食物混合喂食宝宝，以促进植物性食物中铁的吸收。另外，含维生素 C 的新鲜水果汁有利于促进宝宝对铁的吸收。可以多给宝宝喂一些橘子汁。

营养素补充小诀窍

给宝宝补铁，首选的食补材料应该是动物性食材，如肝脏、各种肉类、海鲜等，因为这些食物中含有血红素铁，比较容易被人体吸收。

而植物性食材，如深绿色的叶类蔬菜、豆类食品、强化谷物等，虽然也含有丰富的铁，可是这些铁是以非血红素铁的形式存在的，不易被人体吸收。如果用植物性食材给宝宝做补铁辅食，最好把水果与蔬菜一起烹调，因为水果中一般富含血红素铁或维生素 C，可以有效帮助宝宝吸收蔬菜中的铁。

🥕 宝宝营养餐

🌸 樱桃糖水

材料： 樱桃 100 克。

调料： 白糖适量。

做法：

❶ 樱桃洗净，去蒂、核，放入锅内，加入白糖及适量水，小火煮烂。

❷ 将樱桃搅烂，倒入小杯内晾凉即可。

🌸 菠菜鱼肉泥

材料： 鱼肉、菠菜叶各适量。

做法：

❶ 鱼肉去皮、骨，放入沸水中汆烫至熟，捣碎成泥。

❷ 菠菜叶洗净，煮熟后捣成泥。

❸ 将鱼肉与菠菜泥混合均匀即可。

（妈妈喂养经）

菠菜含有铁及多种维生素；鱼肉富含蛋白质、钙等营养物质，二者搭配，能预防贫血，强壮宝宝骨骼。

🌸 滑子菇肉丸

材料： 滑子菇 250 克，猪肉泥、胡萝卜片、面粉各适量。

调料： 姜片、葱花、清汤、盐各适量。

做法：

❶ 滑子菇洗净；猪肉泥加盐、面粉，打至起劲，做成肉丸子。

❷ 油锅烧热炝香姜片，加清汤，沸后下肉丸子煮熟，放入滑子菇、胡萝卜片、盐煮透，撒葱花即可。

❀ 芹菜煲兔肉 ❀

材料： 兔肉块、芹菜段各 200 克，水发黑木耳、水发冬菇各 30 克，姜片、葱段各适量。

调料： 盐、白糖、蚝油、水淀粉、香油各适量。

做法：

① 兔肉块中加盐、水淀粉腌渍半小时；黑木耳洗净，撕小朵；冬菇洗净，切片。

② 锅置火上入油，下姜片、冬菇、黑木耳、蚝油、兔肉块炒香，加入适量水，放入盐、白糖、香油，中小火烧煮 30 分钟，放入芹菜段，用水淀粉勾芡，撒入葱段即可。

❀ 黑木耳煲猪腿肉 ❀

材料： 猪腿肉块 300 克，水发黑木耳 40 克，红枣 10 克，桂圆、姜片、枸杞子各 5 克。

调料： 清汤、盐各适量。

做法：

① 黑木耳洗净，撕小朵；红枣、桂圆、枸杞子分别洗净；猪腿肉块入沸水中氽烫。

② 锅内加入猪腿肉块、黑木耳、红枣、桂圆、枸杞子、姜片、清汤，煲 2 小时，调入盐，再煲 15 分钟即可。

营养早知道

黑木耳富含铁质，每 100 克黑木耳中含 98 毫克铁，是猪肝含铁量的 5 倍。

锌：促进宝宝智力发育的营养素

妈妈应该注意，日常饮食应多给宝宝食用富含锌的食物，因为锌是人体不可缺少的矿物质，对于宝宝的成长发育至关重要。锌参与人体内许多酶的组成，与DNA、RNA和蛋白质的合成有密切关系，对维持维生素的正常代谢、保持正常的味觉、促进宝宝生长发育等，都有特别重要的作用。宝宝缺锌不仅会导致生长发育停滞，更严重的是，还可能影响宝宝的智力发育。

宝宝缺锌的表现

宝宝缺锌会引起生长停滞，食欲不振，消化功能差，经常口腔溃疡，头发枯黄、稀疏或脱落，体质虚弱，经常生病。

锌的食物来源

很多食物中都富含锌，例如，动物性食物中的牛肝、猪肝、牛肉、猪肉、禽肉、鱼、虾、牡蛎等；植物性食物中的口蘑、银耳、香菇、花生、黄花菜、豌豆、黄豆、红豆、黑豆、全谷物制品等。不过，综合比较，肉类和海产品中的有效锌含量要比蔬菜高。

营养素补充小诀窍

母乳中锌的生物效能要比牛奶高，因此母乳喂养是预防缺锌的好途径。如果妈妈的母乳不足，可以考虑喂一些含锌的乳品。

由于动物性食物含锌量普遍高于植物性食物，而且吸收利用率也高，所以，妈妈在给宝宝做辅食时，要注意把动物性食物和植物性食物搭配在一起，来给宝宝做补锌餐。另外，平时还应注意培养宝宝良好的饮食习惯。宝宝不挑食、不偏食，补锌效果会更好。

如果发现宝宝表现出明显的锌缺乏症状时，妈妈应在医生的指导下用补锌剂来给宝宝补充锌元素。不过，千万不能自己随意购买补锌剂，以免对宝宝造成伤害。

🥕 宝宝营养餐

✿ 碎牡蛎饭 ✿

材料：牡蛎 200 克，大米 150 克，蒜末 1 大匙。

调料：熟白芝麻、香油、盐各适量。

做法：

① 牡蛎去壳，用盐水洗净，沥干，切碎。

② 焖煮大米饭至一半时间时，放入碎牡蛎一起蒸。

③ 将焖好的牡蛎大米饭盛入碗中，加入蒜末、熟白芝麻、盐、香油调成的汁拌着吃。

✿ 牛肉甘薯泥 ✿

材料：牛肉 50 克，甘薯粉少许。

调料：高汤 3 大匙。

做法：

① 锅里加水煮沸，放入牛肉略煮一下，取出牛肉，捣烂；甘薯粉中加入开水拌匀成糊。

② 将捣烂的牛肉和高汤一起放入锅里煮，待牛肉将熟时加入甘薯糊搅拌均匀，稍煮即可。

✿ 果仁粥 ✿

材料：大米、花生、核桃仁各适量。

做法：

① 花生、核桃仁剁碎末。

② 将大米、花生加入适量水煮成粥。

③ 粥煮至八成熟时放入核桃仁，也可以适量加一点儿白糖，烧煮片刻即可。

🌸 牡蛎紫菜汤

材料： 鲜牡蛎肉 60 克，紫菜、姜丝各适量。

调料： 清汤、盐各适量。

做法：

① 鲜牡蛎肉洗净，切碎。

② 紫菜清洗后放入大碗中，加入清汤、牡蛎肉片、姜丝。

③ 放入蒸锅蒸 30 分钟，取出加盐调味即可。

🌸 南瓜鱼汤

材料： 南瓜 80 克，圆白菜叶 60 克。

调料： 柴鱼高汤适量，水淀粉少许。

做法：

① 南瓜洗净，去皮，切小丁。

② 圆白菜叶洗净，切小片。

③ 将柴鱼高汤倒入锅中以小火煮开，放入所有蔬菜煮至熟透，淋入水淀粉勾芡即可。

🌸 牡蛎鲫鱼菜汤

材料： 净鲫鱼 300 克，豆腐丁、青菜叶、姜片、葱花、牡蛎粉各适量。

调料： 鸡汤、酱油、盐各少许。

做法：

① 把酱油、盐抹在鱼身上，放入炖锅内，加鸡汤、姜片、葱花和牡蛎粉煮沸。

② 加入豆腐丁，小火煮 30 分钟后，下青菜叶即可。

牛肉豆蛋

材料： 牛肉 250 克，土豆 2 个，鸡蛋 1 个，干面包屑、洋葱末、生菜丝及胡萝卜丝各适量。

调料： 生抽、干淀粉、香油、鲜奶、面粉、盐各适量。

做法：

❶ 牛肉洗净切碎，放入生抽、干淀粉、香油腌制入味。

❷ 锅置火上，加油烧热，放入洋葱、牛肉炒熟成馅料。

❸ 土豆洗净连皮煮熟，去皮，用刀压成蓉，加鲜奶、面粉、盐搓匀成皮料；鸡蛋磕破，打散成蛋液。

❹ 将皮料搓圆压扁，包入馅料，捏成鸡蛋大小，蘸上蛋液和干面包屑，放入热油中炸至金黄色盛入放有生菜丝和胡萝卜丝的盘中即可。

茄子炒牛肉

材料： 茄子 250 克，牛肉 150 克，甜青椒、甜红椒各 50 克，蒜末各适量。

调料： 高汤、沙茶酱、水淀粉、香油、姜各适量。

做法：

❶ 茄子洗净去蒂，切厚片；甜青椒、甜红椒分别去蒂去籽，洗净切片；姜洗净，切片。

❷ 牛肉洗净，切片，入沸水中氽烫，捞出沥水。

❸ 炒锅放油烧热，放入茄子片煎至两面浅金黄色，捞出沥油。

❹ 锅留底油烧热，放入蒜末、甜青椒片、甜红椒片、牛肉片、高汤、沙茶酱、水淀粉、香油、姜片滑炒，待牛肉炒熟，放茄子片炒匀，用水淀粉勾芡即可。

硒：让宝宝身体更健康

硒是人体重要的矿物质之一，虽然含量不多，但与宝宝的健康息息相关。硒的抗氧化作用很强大，能阻断活性氧和自由基的致病作用，所以体内硒含量的高低直接影响到机体的抗病能力。母乳中硒的含量基本可以满足宝宝生长发育的需要，而牛奶中硒的含量则偏低，所以妈妈应注意给配方奶喂养的宝宝及时补硒。

宝宝缺硒的表现

宝宝缺硒会出现精神委靡，易患心肌炎和假白化病，易感染消化道和呼吸道疾病，易发生大骨节病，易出现牙床无色、皮肤和头发无色素沉着等现象。

硒的食物来源

蔬菜：金花菜、荠菜、苋菜、蒜、豌豆、大白菜、南瓜、韭菜、金针菇、草菇、平菇等。

谷物：燕麦、大麦、小麦、全麦面粉等。

动物性食物：羊肉、猪肉、动物内脏、牛奶、虾、青鱼、沙丁鱼、带鱼、黄鱼等。

营养素补充小诀窍

宝宝只要定期食用天然食物，就能满足身体对硒的需求。过量摄入硒元素对人体有危害，会导致维生素 B_{12}、叶酸和铁代谢紊乱。因此，如果宝宝体内缺少硒，食补最可靠也最有效。

宝宝营养餐

❀ 双菇素菜汤 ❀

材料： 金针菇 150 克，鲜香菇 50 克，芹菜末、熟青豆仁各少许，姜丝适量。

调料： 酱油、白糖、香油、水淀粉、香菇粉、胡椒粉各少许。

做法：

① 金针菇去根，洗净；香菇去蒂洗净，切片，入油锅略炸，捞出沥油。

② 炒锅倒适量油烧热，放入芹菜末、姜丝爆香，加入金针菇、香菇片翻炒均匀，加入酱油、白糖、香菇粉、胡椒粉炒匀。

③ 加水淀粉勾芡，淋入香油，撒上熟青豆仁及姜丝炒匀，即可。

❀ 南瓜炒羊肉丝 ❀

材料： 羊肉 150 克，南瓜 200 克，洋葱丝、甜椒丝各少许。

调料： 面豉酱 1 大匙，盐、料酒、胡椒粉、酱油、干淀粉、植物油各适量。

做法：

① 南瓜去皮，洗净，切丝；羊肉洗净，切丝，加植物油、酱油、料酒、胡椒粉、干淀粉拌匀，腌渍入味。

② 油锅烧热，下面豉酱翻炒，再加入羊肉丝炒至八成熟，盛出，沥干油。

③ 锅内留底油烧热，下洋葱丝、南瓜丝和盐炒匀入味，加羊肉丝炒熟，再撒上甜椒丝略炒即可。

韭菜炒河虾

材料： 河虾250克，韭菜100克，姜片5克，葱段10克。

调料： 盐、料酒、香油各少许。

做法：

❶ 韭菜择洗干净，切成小段；小河虾洗净沥干水分后加入少许盐、料酒及姜片、葱段拌匀，腌渍约5分钟。

❷ 油锅烧热，将小河虾放入180℃的油中炸至酥香，捞出后沥干油。

❸ 锅内留底油烧热，放入韭菜段大火快炒，下炸好的小河虾、盐炒匀入味，淋入香油拌匀即可。

贴心小叮咛

河虾已经先用油炸过了，所以在炒韭菜时油可适量少放，以免口感油腻。

肉丸子冻豆腐汤

材料： 冻豆腐1块，猪肉末150克，白菜半颗，草菇100克，葱适量。

调料： 盐、鸡精、干淀粉各少许。

做法：

❶ 冻豆腐洗净，切成块；白菜洗净，切块；葱洗净，切段；草菇放入水中浸泡，洗净，切末；猪肉末中加入适量盐、干淀粉、草菇末，搅拌均匀成丸子料。

❷ 锅置火上，倒入适量水煮开，用手抓入适量搅拌好的丸子料，将丸子料在手的虎口处挤成圆球状，放入沸水中炖煮。

❸ 待丸子煮熟，加入葱段、白菜块、冻豆腐块一起煮至白菜块软化，最后加入盐、鸡精调味即可。

碘：宝宝智力发育和身体发育的关键元素

碘对宝宝的智力发育和身体发育都有关键作用。在宝宝的身体发育方面，碘是合成甲状腺激素的重要成分，如果宝宝摄入碘不足，必然会影响甲状腺激素的分泌。通常，缺碘会造成小儿甲状腺功能减退，引起克汀病和甲状腺肿大。而在脑发育方面，甲状腺激素又是人脑发育所必需的内分泌激素，如果宝宝缺碘，还会进一步影响宝宝的大脑发育，使宝宝的智力发育受到不良影响。

宝宝缺碘的表现

婴儿期的宝宝缺碘易引起克汀病。身体方面的主要症状：身材矮小、发育迟缓、上半身比例大，有黏液性水肿，皮肤干燥粗糙，面容呆笨，鼻梁塌陷，两眼间距宽，舌头经常伸出口外等。智力发育方面的主要症状：听力、语言和运动障碍，智力低下，甚至出现聋哑、精神失常等症状。幼儿期的宝宝缺碘易引发甲状腺肿大。甲状腺肿大，俗称大脖子病，会出现吞咽困难、气促、声音嘶哑、精神不振等症状。

碘的食物来源

食物中海产品的含碘量较高，海产品中的碘是陆地植物的几倍，有的高达几十倍，其中尤以海带、海蜇、紫菜、苔条和淡菜为甚。经常吃海带不但可以补充体内的碘，而且还可以同时摄入其他种类的矿物质、氨基酸和维生素等。菠菜和芹菜的碘含量也比较高。

营养素补充小诀窍

缺碘重在预防，科学的饮食能够使宝宝摄入适量的碘，防止宝宝缺碘病症的发生。在日常饮食中，妈妈要注意，让宝宝食用一些海带、紫菜、海鱼、虾等富含碘的天然食物；在烹调食物时，坚持用合格的碘盐，并正确使用碘盐；对于还不能吃辅食的宝宝，则要选择营养素较全的配方奶粉，以保证宝宝对碘等多种营养元素的摄入。但是，碘摄入过高的话，会引起高碘甲状腺肿。这一点，妈妈们同样需要注意。

🥕 宝宝营养餐

虾仁蔬果粥

材料： 米饭、虾仁各适量，水蜜桃丁、苹果丁、小黄瓜丁、胡萝卜丁各少许。

调料： 白糖适量。

做法：

❶ 将米饭加适量清水搅拌均匀，倒入锅中，然后以大火煮沸，再转为小火慢慢熬煮成粥。

❷ 粥开锅后，接着放入水蜜桃丁、苹果丁、小黄瓜丁、胡萝卜丁、虾仁拌匀，用中火煮至虾仁熟后，放入白糖调味即可。

紫菜猪肉汤

材料： 紫菜 30 克，熟猪肉、玉兰片、水发冬菇、胡萝卜各 15 克，豌豆 10 粒。

调料： 盐、鸡油、清汤各适量。

做法：

❶ 胡萝卜去皮切片，汆烫后沥干；熟猪肉切片；玉兰片切小薄片；紫菜泡发，洗净沥干，放在汤碗中；冬菇洗净去蒂，切片。

❷ 锅置火上，加清汤，煮沸后放入除紫菜以外的所有材料煮 5 分钟，撇去浮沫，加盐、鸡油搅匀，倒入紫菜汤碗中即可。

营养早知道

紫菜含有丰富的碘，维生素和蛋白质含量也很高，可为宝宝全面补充营养。

海带炖瘦肉

材料： 猪瘦肉小块 300 克，水发海带 200 克，葱段适量。

调料： 白糖、姜片、香油、盐各适量。

做法：

① 海带洗净，入沸水中煮 10 分钟，切成小块。

② 锅置火上，放入适量香油，下入白糖炒成糖色，倒入猪瘦肉块、葱段、姜片煸炒几下，再加入盐略炒一下，加适量水用大火煮沸后，转小火炖至肉八成烂。

③ 倒入海带块再炖 10 分钟左右，至海带入味即成。

贴心小叮咛

煸炒完肉块，加水时，水量以漫过肉块为度。

橘皮菜丝

材料： 干海带、大白菜各 150 克，干橘皮、香菜段各适量。

调料： 白糖、香醋、酱油、香油各适量。

做法：

① 将干海带放在锅里煮 20 分钟，捞出沥干。

② 海带和大白菜均切丝，放在盘内，加酱油、白糖和香油，撒上香菜段。

③ 干橘皮用水泡软，捞出后剁成碎末，放入碗里加香醋搅拌，将橘皮液倒入盘中拌匀即可。

营养早知道

海带的碘含量丰富；大白菜含有丰富的维生素，能为宝宝补充碘和维生素。

卵磷脂：高级神经营养素

卵磷脂是人体组织中含量最高的磷脂，集中存在于神经系统、血液循环系统、免疫系统及心、肝、肺、肾等重要器官中。尤其重要的是，在众多营养素中，卵磷脂对大脑及神经系统的发育起着非常重要的作用，是构成神经组织的重要成分，有"高级神经营养素"的美称。对处于大脑发育关键时期的宝宝来说，卵磷脂是非常重要的益智类营养素，必须保证充足的供给。

宝宝缺乏卵磷脂的表现

宝宝缺乏卵磷脂会导致脑神经细胞膜受损，造成脑神经细胞代谢缓慢，这样会导致宝宝的智力发育受到限制，还可能导致宝宝的大脑免疫及再生能力降低，抵抗力降低而易生病。

卵磷脂的食物来源

蛋黄、核桃、坚果、大豆、肉类、动物内脏等，都是给宝宝补充卵磷脂的良好食材。

营养素补充小诀窍

卵磷脂广泛存在于多种食物当中，这就要求妈妈为宝宝准备的辅食要多样化，而且不能让宝宝养成偏食、挑食的坏习惯。

蛋黄里的卵磷脂含量很高，不仅能促进宝宝脑细胞的发育，还能为宝宝身体发育提供必需的重要营养素；大豆制品中丰富的大豆卵磷脂，能为宝宝的大脑发育提供营养素，还可以保护宝宝的肝脏。

🥕 宝宝营养餐

✿ 芝麻鸡蛋肝片 ✿

材料：猪肝 50 克，鸡蛋半个（取蛋液），黑芝麻 20 克，面粉 10 克，葱末、姜末各适量。

调料：盐适量。

做法：

❶ 将猪肝洗净切薄片，用盐、葱末、姜末腌渍好，沾上面粉、鸡蛋液和黑芝麻。

❷ 锅内热油，放入猪肝片，加少许盐炸透即可。

✿ 腰果二豆奶糊 ✿

材料：腰果 35 克，青豆 100 克，土豆 90 克。

调料：配方奶 90 毫升。

做法：

❶ 青豆洗净，沥干；土豆洗净，去皮，切小丁，备用。

❷ 锅内水煮开，放入青豆、土豆丁和腰果煮至熟透，加配方奶拌匀。

❸ 稍凉后放入榨汁机中打成浓糊即可。

✿ 丝瓜松仁汁 ✿

材料：松仁 5 克，丝瓜 1/4 个，土豆 2 片。

做法：

❶ 松仁泡水 30 分钟，放入榨汁机内加适量水打烂，滤渣取汁。

❷ 丝瓜洗净刮皮，切薄片。

❸ 锅里加入适量水，将土豆片、丝瓜片放入煮 10 分钟，再放入松仁汁续煮 2 分钟，取汁水即可。

第五章

明星食材，
宝宝爱吃又营养

哪些食材对宝宝的生长发育有好处？哪些食材对宝宝的身体健康有帮助？哪些食材对宝宝的智力开发有益处？另外，怎么烹调这些食材宝宝才爱吃，才能吃得健康？相信爸爸妈妈在给宝宝做饭的时候，都有不少疑问吧。别着急，本章将会给出完美的答案。

白菜：蔬菜中的全能明星

营养在线

白菜含有丰富的胡萝卜素、维生素、烟酸、膳食纤维、钙、磷、铁等。其中维生素 C、维生素 B₂ 的含量要高于苹果和梨。白菜中维生素 A、维生素 C、膳食纤维的含量较高，对宝宝的肠道健康、视力发育和免疫力的提高都有益处。

此外，白菜含水量丰富，高达 95%。如果在冬天，天气干燥，多给宝宝吃些白菜，可以很好地补充宝宝体内水分，呵护宝宝肌肤。

营养宜忌

宜： 用白菜与豆腐一起做菜，不仅可强身健体，还可消食导滞，预防便秘，对宝宝身体非常有益；白菜和虾皮搭配食用，营养更加丰富，还可以清热润肺，开胃润肠。

忌： 腐烂的白菜不能食用，白菜在腐烂的过程中会产生亚硝酸盐，这种毒素能使血液中的血红蛋白丧失携氧能力，从而使人缺氧；不要用水长时间烧煮或氽烫白菜，否则易使其中的营养物质流失。

宝宝营养餐

栗子白菜

材料： 大白菜 300 克，栗子 100 克。

调料： 盐、酱油各少许，水淀粉适量。

做法：

❶ 栗子入水浸泡 1 小时，去硬膜洗净，入沸水中煮熟，捞出沥干。

❷ 大白菜洗净，切长条，再加盐略氽烫，捞起沥干。

❸ 锅倒油烧热，倒入栗子和大白菜条大火快炒，加少量水、酱油、盐、水淀粉煮熟即可。

❀ 木耳白菜肉炒年糕

材料：年糕 200 克，大白菜 100 克，猪里脊肉 50 克，水发香菇、水发黑木耳各 20 克，葱末 10 克。

调料：盐、白糖、鸡精、料酒各适量。

做法：

❶ 年糕切片；大白菜洗净，切丝；水发黑木耳、水发香菇分别洗净，切丝；猪里脊肉洗净，切丝，加料酒腌制 5 分钟。

❷ 锅倒油烧热，下入葱末炒香，放入白菜丝、香菇丝、黑木耳丝、猪里脊肉丝、年糕片翻炒均匀，加适量水炒至熟透，最后加盐、白糖、鸡精调味即可。

❀ 白菜炒鲜蘑

材料：白菜 300 克，蘑菇 150 克，葱花、姜末、蒜泥各适量。

调料：盐、鸡精各适量。

做法：

❶ 蘑菇洗净切片，入沸水汆烫，捞出沥干；白菜洗净切片。

❷ 炒锅放油烧至六成热，倒入葱花、姜末和蒜泥爆香，倒入白菜片翻炒。

❸ 白菜片炒至约七成熟时，放入汆烫好的蘑菇片，加入盐和鸡精略炒，炒至白菜和蘑菇都熟透即可。

❀ 老汤白菜 ❀

材料： 白菜心 400 克，姜片适量。

调料： 大料 1 枚，鸡汤适量，盐少许。

做法：

❶ 白菜心洗净后沥干，用刀切一下不必切断。

❷ 锅中油烧热，放入大料炸出香味，然后将鸡汤倒入，加姜片煮沸。

❸ 将白菜心倒入锅中，加盐，煮至菜叶软下来即可。

〖贴心小叮咛〗

　　蔬菜经改刀处理后，组织受到破坏，与空气接触和受光面积大，许多易被氧化和光解的营养素如维生素 C 和维生素 B₂ 等，都会很快流失，所以要立即烹煮。

❀ 干贝蒸白菜 ❀

材料： 白菜半棵，干贝 6 粒，蒜适量，葱末少许。

调料： 盐、料酒、水淀粉各适量。

做法：

❶ 干贝洗净后用温水浸泡 30 分钟左右，取出后淋少许料酒，蒸软，撕成条状，铺在碗底；白菜切大片。

❷ 油锅烧热，下入蒜瓣炸至金黄焦香，撒在干贝丝上。

❸ 锅内留底油，下白菜片快速翻炒至菜梗稍软，调入盐炒匀，起锅装入装有干贝丝和蒜瓣的碗中。

❹ 蒸锅预热，放入大碗，大火蒸 20 分钟左右，取出，将汤汁倒入炒锅中，然后将大碗倒扣在盘中。

❺ 将炒锅中的汤汁煮沸，调入盐、水淀粉搅匀，淋在干贝白菜上，撒葱末即可。

菠菜：营养好食物

营养在线

菠菜又称波斯菜，其主要营养成分是胡萝卜素、维生素 A、维生素 B_1、维生素 B_2、维生素 C、维生素 E 及铁、磷、钙、钾、锌等，尤其以铁和维生素 C 的含量较高，维生素 C 能提高铁的吸收率。菠菜所含有的大量膳食纤维，具有促进肠道蠕动的作用，利于排便，可预防宝宝便秘。菠菜中含有的胡萝卜素在人体内能转变成维生素 A，对保护宝宝视力有很好的作用。

营养宜忌

菠菜不宜食用过多。菠菜性凉，食用过多容易出现腹泻等不适。

菠菜中含有较多的草酸，草酸与钙结合会形成不溶于水的草酸钙。所以从理论上讲，食物中的钙与菠菜中的草酸结合，会导致食物中钙的损失。所以在食用菠菜时最好先氽烫一下，以减少草酸的含量，再与其他食物搭配食用会更好。

宝宝营养餐

菠菜炒羊肉

材料：羊肉片、菠菜各 150 克，姜丝 10 克。

调料：酱油、淀粉各适量，白糖、盐各少许。

做法：

① 菠菜洗净，切段；羊肉片加入盐、酱油、淀粉拌匀。

② 锅倒油烧热，放入羊肉片，以大火炒至肉色变白后盛出。

③ 原锅放入姜丝、菠菜段，以中火炒至软，再放入炒过的羊肉片，加盐、白糖，大火炒匀即可。

菠菜橙汁

材料： 橙子 50 克，菠菜 10 克，葡萄 5 颗，配方奶 200 毫升，儿童蜂蜜 1 小匙。

做法：

① 菠菜洗净，切段，焯烫后沥干；橙子去皮，切块；葡萄洗净。

② 将葡萄放入榨汁机中，并加入菠菜段、橙子块、凉开水、配方奶及儿童蜂蜜搅打成汁即可。

五彩菠菜

材料： 菠菜段 350 克，鸡蛋 2 个，熟火腿、熟冬笋丁、水发木耳丁各 25 克。

调料： 香油、盐各少许。

做法：

① 菠菜段、木耳丁汆烫至熟。

② 鸡蛋磕入碗中打散，用小火蒸成蛋糕，切成丁。

③ 将所有材料放入碗中，加入盐、香油拌匀即可。

芙蓉菠菜

材料： 菠菜段、胡萝卜块、鸡肉丝、香菇片各 50 克。

调料： 高汤适量，盐、水淀粉各少许。

做法：

① 胡萝卜块和香菇片排好摆在碗边，中间放上菠菜段，上锅蒸熟。

② 将鸡肉丝炒熟，加入高汤煮开，下盐调味，用水淀粉勾芡，淋到菠菜上即可。

豆干炒菠菜

材料：菠菜 250 克，豆腐干 200 克，葱花、姜末各少许。

调料：盐、水淀粉各适量，高汤 1 小碗。

做法：

① 菠菜留梗洗净，切段，汆水；豆腐干切丝。

② 油锅烧热，下葱花、姜末爆香，再加入菠菜段、豆腐干丝，大火快炒几下，加入高汤稍煮。

③ 待菠菜熟软，调入盐，用水淀粉勾芡，收汁即可。

莲子菠菜银耳汤

材料：菠菜 200 克，银耳 80 克，莲子 100 克。

调料：醪糟、盐、素高汤、姜片、葱花各适量。

做法：

① 银耳洗净，沥干，放入碗中加醪糟浸泡至软；莲子泡软，备用；菠菜洗净（根、头部留下），切小段。

② 锅中倒入素高汤煮沸，加莲子煮五六分钟，放入菠菜段、银耳、葱花、姜片及盐，待汤汁煮沸即可。

猪肝菠菜粥

材料：猪肝 200 克，菠菜 1 棵，大米 2 杯。

调料：盐 2 小匙。

做法：

① 大米淘洗干净，加适量水以大火煮沸，煮沸后转小火煮至米粒软熟。

② 猪肝洗净，切片；菠菜取叶，洗净，切段。

③ 加猪肝片入粥中煮熟，下菠菜煮沸，加盐调味即可。

胡萝卜：增强宝宝抵抗力

营养在线

胡萝卜素有"小人参"之称，其主要营养成分有胡萝卜素及较多的维生素 B_1、维生素 B_2、烟酸、叶酸及糖类、钙、铁、磷、果胶、木质素等成分，对人体有很好的营养补充作用。胡萝卜所含的胡萝卜素进入人体后可转化为维生素 A，维生素 A 对促进婴幼儿的生长发育、增强抵抗力、维持正常视觉功能具有十分重要的作用。可以说，胡萝卜是宝宝辅食材料的上佳选择。

营养宜忌

胡萝卜最好不要生吃，因为胡萝卜中的胡萝卜素是维生素 A 原，它在体内会转变为维生素 A，但它不溶于水。生吃胡萝卜不利于胡萝卜素的吸收，其吸收率只有 10% ～ 15%，而用足量油或肉烹调，胡萝卜素吸收率可高达 90% 左右。

如果条件允许的话，妈妈在使用胡萝卜给宝宝制作辅食时，最好不削皮，因为胡萝卜皮中含有丰富的营养物质。

 宝宝营养餐

胡萝卜豆腐泥

材料： 胡萝卜 1 根，嫩豆腐 50 克，鸡蛋 1 个。

做法：

① 将胡萝卜洗净，放锅内煮熟后切小丁，取出沥干。

② 鸡蛋敲破，取半个蛋黄，搅拌成蛋黄液，备用。

③ 锅内倒入清水和胡萝卜丁，将嫩豆腐捣碎后倒入煮 5 分钟左右。

④ 待汤汁变少时，将蛋黄液加入锅里煮，开锅熄火，晾凉即可。

蜜胡萝卜

材料：胡萝卜 1 个。

调料：儿童蜂蜜、奶油各少许。

做法：

① 胡萝卜洗净，切片。

② 煲中放适量水，煮沸，放入胡萝卜片煲 15 分钟至黏稠，捞起胡萝卜片，加入蜂蜜及奶油拌匀即可。

胡萝卜蓝莓冰球

材料：胡萝卜 80 克。

调料：蓝莓酱 20 克。

做法：

① 胡萝卜洗净，煮至熟透，切大块。

② 将胡萝卜块挖成小球状，放入冰箱稍微冷藏。

③ 然后将胡萝卜球取出，放入容器里，淋上蓝莓酱即可。

胡萝卜炒肉丝

材料：猪瘦肉丝 100 克，胡萝卜细丝 50 克。

调料：香菜段、干淀粉、酱油、盐各适量。

做法：

① 猪瘦肉丝加入干淀粉、酱油、少许盐，上浆。

② 油锅烧至六成热时，放入猪瘦肉丝滑散，捞出。

③ 锅内留少许底油烧热，放入胡萝卜丝炒熟，倒入猪瘦肉丝，加入盐、香菜段炒匀即可。

❀ 胡萝卜炒鸡蛋

材料： 胡萝卜 100 克，鸡蛋 100 克，姜、葱各少许。

调料： 盐、胡椒粉各适量。

做法：

❶ 将鸡蛋去壳，入碗打散，调入胡椒粉，拌匀成蛋浆；将姜、葱洗净，姜切末，葱切段。

❷ 将胡萝卜洗净，切成细丝，入沸水氽烫，捞出滤去水分备用。

❸ 油锅烧热，爆香姜末、葱段，投入胡萝卜丝炒透，加入蛋浆，顺着一个方向快速炒熟，加盐调味即可。

❀ 西红柿胡萝卜汤

材料： 胡萝卜 1/2 根，西红柿、鸡蛋各 1 个，姜丝、葱花各适量。

调料： 盐、高汤、白糖各适量。

做法：

❶ 西红柿去皮，切厚片；胡萝卜切厚片。

❷ 油锅烧热，加入姜丝煸炒几下，放入胡萝卜片翻炒片刻，倒入高汤以中火煮沸。

❸ 待胡萝卜煮熟，下西红柿片，加入盐、白糖调味，磕入鸡蛋打散搅成蛋花，撒上葱花即可。

 土豆：宝宝辅食好搭配

营养在线

比起普通的蔬菜，土豆富含淀粉；同时，比起谷类等主食，土豆还含有更多的其他营养素，如膳食纤维、黏液蛋白、胡萝卜素、B族维生素、维生素C、钾等。

可以说土豆是介于蔬菜和主食之间的食材，做熟的土豆非常软糯，极适合宝宝食用。应该知道的是，土豆比起同等重量的米或面来说热量更低，营养更丰富。所以对于体重超标的宝宝，用土豆来代替一部分主食，可以有助于控制热量的摄入。

营养宜忌

破损腐烂或发芽的土豆不能吃，因其中含有一种微量的有毒物质——龙葵素，食用后极可能会造成中毒。龙葵素多位于青皮和发芽的部位，因此，煮土豆前要先削皮，对少许发青或有小芽的部位，要大块切除，以保证宝宝的食用安全。

此外，妈妈要注意不要给宝宝大量食用油炸土豆条，因为土豆油炸后容易吸附油脂，导致热量升高，食用过多易导致肥胖。

宝宝营养餐

✿ 地三鲜汤 ✿

材料： 土豆1个，小黄瓜1根，干黑木耳适量。

调料： 酱油、盐、香油各适量。

做法：

❶ 土豆削皮，切片；黄瓜洗净，切片；黑木耳泡发，撕成小朵。

❷ 锅中加入适量清水，放入黑木耳、土豆片煮沸。

❸ 加入黄瓜片，待再次煮沸后即可加入所有调料调味，至黄瓜片略变色，关火即可。

土豆炒牛肉

材料： 牛肉 100 克，土豆 150 克，葱段、姜片各适量。

调料： 料酒、盐各少许。

做法：

① 牛肉切块，入沸水汆烫捞起；土豆去皮、切块。

② 油锅烧热，放葱段和姜片爆香，倒入牛肉拌炒 2 分钟，加适量清水、料酒和土豆块，转小火继续煮 20 分钟，加盐调味即可。

土豆鸡肉饼

材料： 煮熟的土豆 2 片，鸡肉末 30 克，芹菜末少许。

调料： 黄油 1/2 小匙，清高汤、奶酪粉各少许。

做法：

① 将鸡肉末用黄油炒熟，夹入上下两层的土豆片中。

② 将奶酪粉加入清高汤，煮开后浇在土豆片上，再撒少许芹菜末。

③ 将土豆片放入微波炉烤出香味即可。

土豆蘑菇鲜汤

材料： 土豆 1 个，小蘑菇 50 克，蛤蜊肉适量。

调料： 奶油、鲜牛奶、面粉、盐、胡椒粉各适量。

做法：

① 土豆蒸熟后切丁；小蘑菇用盐水汆烫熟，切片。

② 用奶油加适量色拉油炒面粉，微黄时加入鲜牛奶及适量水煮成浓汁；放入土豆丁、小蘑菇片、蛤蜊肉煮片刻，加盐调味，撒胡椒粉即可。

❖ 五香粉蒸土豆 ❖

材料： 土豆 500 克，姜、蒜、葱各适量。

调料： 荷叶 1 张，五香粉、生抽、盐、白糖、米粉各适量。

做法：

① 土豆去皮洗净，切小块；荷叶洗净，沥干水分，备用；葱洗净，切末；姜、蒜分别去皮，洗净，切末。

② 锅中倒油烧热，下入土豆块，撒入少许盐，煎至表面微焦，盛出。

③ 土豆块与葱末、蒜末、姜末、白糖、五香粉、生抽拌匀，并撒上米粉。

④ 将洗净的荷叶平铺于蒸笼内，放入土豆块，上锅蒸约 20 分钟即可。

❖ 土豆香肠丁焖米饭 ❖

材料： 大米、土豆各 100 克，广式香肠 1 根。

调料： 盐少许。

做法：

① 土豆去皮洗净，切小丁；广式香肠切成小丁。

② 锅倒油大火烧至七成热，下入土豆丁翻炒，待土豆丁呈金黄色后，均匀地撒一层盐，关火。

③ 大米淘洗干净，倒入电饭锅，加入适量清水，放入炒好的土豆丁，倒入香肠丁，盖上电饭锅盖，开始煮饭。

④ 电饭锅提示米饭煮好后，揭开盖子，用勺子或筷子将米饭和土豆丁、香肠丁拌匀，再盖上盖子焖 10 分钟左右即可。

甘薯：宝宝肠胃好帮手

营养在线

甘薯中的膳食纤维比较多，对促进宝宝肠胃蠕动和防止便秘有益。甘薯所含的矿物质对于维持和调节人体功能，起着十分重要的作用；而它所含的钙和镁，可以预防骨质疏松症。甘薯蒸煮后，部分淀粉发生变化，与生食相比可增加40%左右的膳食纤维，能有效刺激肠道的蠕动，促进排便。甘薯中赖氨酸和精氨酸的含量都较高，对宝宝的发育和身体免疫力都有良好作用。它还有大量可溶性膳食纤维，有助于促进宝宝肠道益生菌的繁殖，提高机体的免疫力。

营养宜忌

妈妈们要注意，在使用甘薯为宝宝制作辅食时一定要蒸熟煮透，一是因为甘薯中淀粉的细胞膜不经高温破坏，宝宝吃后难以消化；二是甘薯中的气化酶，不经高温破坏，吃后宝宝会感到不适。

另外甘薯和柿子也最好不要同食。因为甘薯中的糖类在胃内发酵，会使胃酸分泌增多，一旦和柿子中的鞣质、果胶发生反应，易产生硬块，不利于人体对两者的吸收，严重者还会引起胃肠不适。

 宝宝营养餐

甘薯小泥丸

材料：甘薯200克。

调料：黄油20克，牛奶1大勺。

做法：

❶ 甘薯煮熟、去皮后碾成泥。

❷ 锅置火上，放入甘薯泥、黄油，待黄油受热融化后加入牛奶搅拌均匀。

❸ 将甘薯泥放入保鲜膜内捏成丸子，拆下保鲜膜，将丸子排在盘中即可。

甘薯拌胡萝卜

材料： 甘薯 1/4 根，胡萝卜 1/8 根，黑芝麻 1 大匙。

调料： 白糖 1 小匙，酱油少许。

做法：

① 甘薯、胡萝卜分别去皮，切细条煮熟；黑芝麻研磨出油，加入白糖及酱油混合调味。

② 将煮好的甘薯条和胡萝卜条放入黑芝麻调味料中混合均匀即可。

蔬菜小窝头

材料： 甘薯 400 克，胡萝卜 200 克，藕粉适量。

调料： 白糖适量。

做法：

① 将甘薯、胡萝卜分别洗净后蒸熟，取出晾凉后剥皮，挤压成细泥。

② 在胡萝卜甘薯泥中加藕粉和白糖拌匀，并切小团，揉成小窝头蒸熟即可。

果脯甘薯饭

材料： 大米 240 克，红心甘薯半个，什锦果脯适量。

做法：

① 大米用清水淘洗干净，沥干水分，放入电饭锅内，备用。

② 甘薯洗净，去皮，切滚刀块，与什锦果脯一起放入电饭锅内，加入适量清水，按下开关，焖煮至饭熟即可。

❁ 糯米面甘薯饼 ❁

材料： 甘薯 1 小块，糯米面 50 克，葱适量。

调料： 盐适量。

做法：

① 甘薯蒸熟，剥皮后捣成泥。

② 将糯米面与甘薯混合，加入适量温水拌匀，以甘薯保持软黏为度。

③ 葱切碎后与适量盐一起放入甘薯糯米泥中，用双手揉搓成小圆饼。

④ 平底锅放油烧温热，放入小圆饼，煎至略呈黄色即可。

❁ 瓜子仁甘薯球 ❁

材料： 干淀粉 100 克，甘薯泥 200 克，白糖 40 克，黄油 10 克。

调料： 瓜子仁适量，薄荷叶少许。

做法：

① 将甘薯泥、干淀粉、白糖、黄油一起放入容器中搅拌均匀，揉搓成面团，醒发 20 分钟。

② 将发好的面团分成 30 克一个的小剂子，揉圆后嵌入瓜子仁，成甘薯球生坯。

③ 锅内倒油烧热，下入甘薯球生坯炸熟后盛出，放上薄荷叶点缀即可。

贴心小叮咛

做甘薯泥时，用烤熟的甘薯最佳；用煮熟或蒸熟的来做，甘薯泥水分较多，会影响口感和味道。

南瓜：促进视力与骨骼发育

营养在线

在很多地方，南瓜被称为"饭瓜"，意思是说它可以单独作为主食食用。

南瓜含有多种营养成分，其中包括淀粉、多糖、氨基酸、蛋白质、类胡萝卜素、B族维生素、维生素 C 和钙、磷等成分，具有高钙、高钾、低钠的特点，经常吃南瓜，能促进钙质的吸收。

南瓜中的维生素 C 是强抗氧化剂，可以帮助身体抵抗传染病；类胡萝卜素中的 β - 胡萝卜素能在人体内转化为维生素 A，强化免疫系统，预防呼吸系统疾病及过敏症状的发生。

南瓜在古籍上被视为特效保健蔬菜，对婴幼儿的身体发育极有好处。

营养宜忌

南瓜性温热，多食或偏食容易上火；南瓜中含有较多的可溶性膳食纤维，多食会腹胀；吃南瓜较多时可适当减少主食。

对长时间储存的南瓜，食用时要认真检查，若表皮腐烂或切开后有异味，说明已经变质，不能食用。

 宝宝营养餐

南瓜饼

材料：南瓜 500 克，熟白芝麻少许。

调料：甘薯淀粉、白糖各 150 克。

做法：

① 南瓜去皮、瓤，洗净切片，入蒸锅中蒸熟。

② 将蒸熟的南瓜片捣碎成泥，加入甘薯淀粉、白糖搅拌均匀成南瓜粉团。

③ 把南瓜粉团分成数份，然后逐一压成扁平状，再粘上少量熟白芝麻，入热油锅炸至两面香酥即可。

百合炒南瓜

材料： 南瓜半个，百合 4 个。

调料： 盐适量。

做法：

1 南瓜切片；百合瓣入沸水汆烫，捞出沥干。

2 油锅烧至七成热时放入南瓜片翻炒，加水没过南瓜，大火煮开后以小火焖 7 ～ 8 分钟，至南瓜软。

3 放入百合焖 2 分钟，加盐，大火收干汤汁即可。

南瓜咕噜肉

材料： 南瓜 1 块，猪肉 50 克，洋葱 1 片，青椒 1/6 个。

调料： 高汤、番茄酱、酱油各少许。

做法：

1 把南瓜煮熟，去皮后切丁；洋葱、青椒、猪肉分别切丁并煮至熟烂。

2 油锅烧热，煸炒南瓜丁、洋葱丁、青椒丁和猪肉丁至八成熟，再加入高汤和其他调料炒熟即可。

南瓜鱼茸羹

材料： 熟南瓜泥、草鱼腩各 300 克，高汤 500 毫升，姜片、葱段各适量。

调料： 盐、胡椒粉、植物油各适量，荸荠粉 3 大匙。

做法：

1 草鱼腩加入姜片、葱段及少许油蒸熟，压成茸。

2 煲中注入高汤，加入熟南瓜泥及草鱼茸煮至汤沸，放入盐、胡椒粉、荸荠粉调味即可。

黄瓜：宝宝餐必备良蔬

营养在线

黄瓜的主要营养成分有蛋白质、脂肪、糖类、膳食纤维、胡萝卜素、维生素 B_1、维生素 B_2、维生素 C、维生素 E、烟酸以及钙、磷、钾、铁等矿物质。黄瓜中含有一种特殊的挥发性物质，闻之清香，可促进宝宝食欲，生津开胃。

营养宜忌

宜：黄瓜有强健心脏和血管、预防宝宝便秘等多种功效，宝宝便秘时，给宝宝喝一些黄瓜汁，可以缓解宝宝的便秘症状。

忌：黄瓜性凉，多食会导致宝宝腹泻、腹痛，所以应适量食用；此外黄瓜也不能与油脂多的花生大量同食，否则有可能导致宝宝腹泻。

 宝宝营养餐

黄瓜猪肉粥

材料：粳米 100 克，黄瓜半根，猪瘦肉末适量。

调料：盐、酱油各少许。

做法：

① 黄瓜洗净切成小丁；猪瘦肉末加盐、酱油腌拌 10 分钟左右。

② 将粳米淘洗干净，再加水放入锅内，用大火煮开；约 20 分钟米煮烂后，将黄瓜丁、猪瘦肉末放入一起煮熟即可。

❀ 黄瓜玉米粒

材料： 黄瓜 1 根，甜玉米 1 个，红椒丁少许。

调料： 盐少许，黑胡椒粉 1/3 小匙，牛奶 2 大匙。

做法：

① 黄瓜洗净切丁；甜玉米剥粒洗净。

② 锅中倒入油，大火加热，待油温五成热时放入玉米粒炒约 1 分钟，再放入黄瓜丁，并撒入盐翻炒均匀。

③ 放入牛奶、黑胡椒粉翻炒约 30 秒，倒入红椒丁略炒即可。

（妈妈喂养经）

黄瓜有清热利水、解毒消肿、生津止渴的作用，适合夏季给宝宝食用。

❀ 黄瓜芽菜汤

材料： 黄瓜 1 根，红甜椒 40 克，黄豆芽 50 克，枸杞子 30 克，干香菇 1 朵。

调料： 盐、鸡精各适量，素高汤 500 毫升。

做法：

① 黄瓜洗净，切条；红甜椒去蒂和籽，洗净，切条；黄豆芽择洗干净；枸杞子洗净，入清水中浸泡后沥干；干香菇泡软后去蒂，洗净，切丁。

② 锅置火上，将素高汤、黄豆芽、香菇丁连同泡过的水一起倒入锅内。

③ 大火煮沸后焖煮 2 分钟，再加入黄瓜条、红甜椒条、枸杞子焖 5 分钟，最后加盐、鸡精调味即可。

黄瓜炒鱿鱼

材料： 黄瓜 200 克，银耳 25 克，干鱿鱼 100 克，姜片、蒜蓉各少许。

调料： 盐少许。

做法：

① 黄瓜洗净切片；银耳泡发撕开；干鱿鱼浸软切片。

② 油锅烧热，先将黄瓜片、银耳炒熟装盘。

③ 另起锅爆香姜片、蒜蓉，加入鱿鱼片翻炒均匀，然后将盘中的黄瓜片、银耳重新倒进锅里炒匀，加盐调味即可。

妈妈喂养经

黄瓜有清热利水、解毒消肿、生津止渴的作用，适合夏季给宝宝食用。

三色黄瓜丁

材料： 土豆 1 个，胡萝卜半根，黄瓜 1 根，葱少许。

调料： 香油、盐各少许。

做法：

① 土豆去皮洗净，切丁；胡萝卜、黄瓜分别洗净，切丁；葱切末。

② 胡萝卜丁、土豆丁入沸水锅中略焯烫，捞出沥干水分。

③ 油锅烧热，加入葱末爆香，然后放入土豆丁、胡萝卜丁煸炒均匀，加黄瓜丁、盐翻炒均匀，淋上香油即可。

香蕉：开胃消食的"快乐水果"

营养在线

香蕉是人们喜爱的水果之一，欧洲人认为它能解除忧郁而称它为"快乐水果"。这是因为香蕉能帮助大脑制造一种化学成分——血清素，而它也能使宝宝的大脑更具创造力。

香蕉果肉香甜，除生食外，还可制作多种加工食品。它的主要营养成分有蛋白质、脂肪、糖类、维生素 B$_1$、维生素 B$_2$、维生素 C、维生素 E、胡萝卜素、烟酸、膳食纤维及钙、磷、钾、镁、铁等矿物质，尤其是维生素 C 及钾的含量较高，经常给宝宝食用，有利于宝宝的生长发育。

营养宜忌

宜： 香蕉中富含膳食纤维，具有良好的润肠通便效果，便秘的宝宝食用可以缓解便秘症状。不过一定要给宝宝食用熟透的香蕉。

忌： 香蕉属于热量及糖分较高的水果，不宜于给宝宝大量食用。特别是饭前吃较多的香蕉会导致宝宝不好好吃饭。另外，对于体重超标的宝宝，也不适合吃较多的香蕉，摄入太多的糖分和热量使体重增加更多。这类宝宝可以找一些水分高，热量和含糖量低的水果，如梨、脆苹果等来吃。

 宝宝营养餐

香蕉百合炖银耳

材料： 银耳 100 克，百合 50 克，香蕉 2 根。

调料： 冰糖 50 克，枸杞子 10 克。

做法：

① 将银耳用清水泡发 1 小时，洗净，撕成小朵。

② 百合洗净，香蕉去皮切块，枸杞子洗净。

③ 炖盅中加入泡发好的银耳、百合、香蕉块、枸杞子、冰糖，注入适量的清水，盖上盖子，放入蒸锅中隔水蒸约 30 分钟即可。

香蕉雪梨生菜汁

材料： 雪梨半个，香蕉半根，生菜 100 克。

调料： 儿童蜂蜜适量。

做法：

① 雪梨洗净，切块；香蕉剥皮，切小块；生菜洗净。

② 将所有材料依次放入榨汁机内榨成汁，加入适量儿童蜂蜜调味即可。

牛奶香蕉糊

材料： 配方奶粉适量，香蕉 1/2 根，玉米粉适量。

做法：

① 香蕉去皮，碾碎。

② 清水倒入锅中，放入玉米粉，一边煮一边搅拌均匀。

③ 玉米粉煮熟后，倒入碾碎的香蕉中，加入配方奶粉调匀即可。

香蕉鸡蛋饼

材料： 面粉 150 克，黄油 10 克，香蕉 2 根，鸡蛋 1 个。

调料： 牛奶 100 毫升，白糖少许。

做法：

① 香蕉剥皮后切小块；鸡蛋磕入大碗中，打散，加入香蕉块、面粉、白糖、黄油、牛奶搅拌均匀。

② 平底锅置火上，放少许油烧至三成热时，拿汤匙舀一匙混合物放在锅里，以小火煎至两面金黄即可。

苹果：为宝宝"排排毒"

营养在线

苹果酸甜可口，营养丰富，为制作宝宝餐的理想食材，同时也因苹果药用价值高，被称为"大夫第一药"。苹果的主要营养成分有蔗糖、苹果酸、柠檬酸、果胶、维生素 C、钾、钠等。苹果内富含锌，是促进宝宝生长发育的重要元素，尤其是构成与记忆力息息相关的核酸及蛋白质不可缺少的元素，给宝宝吃苹果可以增强记忆力，具有健脑益智的功效。苹果还具有生津止渴、润肺解烦、健脾开胃的作用，对轻度腹泻有改善作用。

营养宜忌

宜： 将苹果和胡萝卜同煮，煮熟后与水同食，宝宝的大便会变得柔软、通畅。

忌： 苹果酸性比较大，空腹食用后果酸和胃酸混合后，容易加重胃肠负担，因此不宜空腹食用；苹果中果酸和果糖含量较高，对牙齿有一定的腐蚀作用，宝宝吃完苹果后，妈妈一定要给宝宝漱口；饭后不要立即吃苹果，否则会引起胀气和便秘，饭前 1 小时或饭后 2 小时食用苹果比较好。

 宝宝营养餐

❀ 彩色水果沙拉

材料： 橘子 50 克，苹果 100 克，葡萄 200 克。

调料： 酸奶酪、白糖各少许。

做法：

① 橘子去皮、核，切丁；苹果去皮、核，切丁；葡萄去皮、籽，备用。

② 将橘子丁、苹果丁、葡萄放入碗内，加入酸奶酪、白糖拌匀即可。

❀ 苹果金团

材料： 苹果、甘薯各 50 克。

调料： 儿童蜂蜜少许。

做法：

① 将甘薯洗净去皮，切碎后煮软。

② 把苹果去皮、籽后切碎，煮软，与甘薯碎混合均匀，加入少许儿童蜂蜜拌匀即可。

❀ 红枣苹果汤

材料： 苹果 2 个，红枣 4 颗。

调料： 白糖适量。

做法：

① 将苹果洗净，连皮切大块，去果核。

② 红枣洗净，去核，放入清水中略浸泡。

③ 锅置火上，倒入适量清水，放入苹果块和红枣，大火煮沸，改小火煮 30 分钟后放白糖调匀即可。

❀ 苹果炒虾仁

材料： 虾仁 300 克，苹果 1 个，鸡蛋 1 个（取蛋清）。

调料： 水淀粉适量，姜末、盐、料酒各少许。

做法：

① 虾仁加盐、蛋清、料酒腌渍 10 分钟，汆烫后捞出。

② 油锅烧热，放姜末，再放入虾仁炒至七分熟，捞起。

③ 将苹果洗净，切块，放入锅中，先用水淀粉勾芡，再倒入虾仁，炒至入味即可。

豆腐：给宝宝充足的蛋白质

营养在线

豆腐营养丰富、质地细嫩、清爽适口，是为新生宝宝添加辅食时的重要食材。豆腐的主要营养成分有蛋白质、脂肪、糖类、维生素 E、烟酸及钙、铁、镁、锌、磷、硒等元素，尤以蛋白质的含量最高。豆腐的主要原料是黄豆，黄豆营养丰富，含有宝宝生长发育所必需的优质蛋白、钙、磷、铁等矿物质和维生素，其营养价值能与肉、蛋、鱼相媲美。半块豆腐大约就能提供 8~10 克的蛋白质，热量较低，且不含胆固醇。豆腐中的脂肪大部分都是对人体有益的多不饱和脂肪酸。此外，豆腐中的钙对宝宝的骨骼发育也是极有益处的。

营养宜忌

在给宝宝制作营养餐时，应将豆腐和其他食物搭配食用，因为豆腐中蛋氨酸含量低，蛋氨酸是人体必需氨基酸，若单独食用，容易造成蛋白质利用率低。若搭配一些其他食物，使豆腐中所缺的蛋氨酸得到补充，整个氨基酸的配比趋于平衡，人体就可以充分吸收利用豆腐中的蛋白质。

 宝宝营养餐

芙蓉豆腐

材料： 内酯豆腐 1 盒，猪瘦肉 50 克，西红柿 2 个，香菜叶适量。

调料： 盐、鸡精各适量。

做法：

① 内酯豆腐切片，码盘；猪瘦肉剁成末；西红柿切块。

② 油锅烧热，下西红柿块翻炒成糊状，然后加水煮开，下猪瘦肉末并不断搅拌，加盐、鸡精调味，淋在内酯豆腐片上，放上香菜叶即可。

❀ 草莓豆腐羹

材料： 配方奶 150 毫升，婴儿米粉 40 克，煮熟捣烂的豆腐适量。

调料： 草莓酱 1 勺。

做法：

① 将配方奶倒入婴儿米粉中，一边加入一边搅拌。

② 然后加入捣烂的豆腐继续搅拌，加入草莓酱搅匀即可。

❀ 猪血豆腐青菜汤

材料： 猪血、豆腐各 200 克，青菜、虾皮各适量。

调料： 盐适量。

做法：

① 猪血、豆腐洗净，切成小块；青菜洗净，切碎。

② 锅置火上，加适量水，水开后，加入虾皮、适量盐。

③ 加入豆腐、猪血、青菜，煮 3 分钟即可。

❀ 味噌豆腐

材料： 虾仁 8 只，豆腐 1 块，新鲜豌豆 20 克。

调料： 盐、干淀粉、味噌、料酒各适量。

做法：

① 豆腐切块；虾仁加盐、料酒、干淀粉抓匀，备用。

② 锅中加适量水，放入新鲜豌豆煮沸，加入豆腐块煮沸，然后加入适量味噌，拌匀。

③ 放入腌好的虾仁，待汤汁煮沸后再炖片刻即可。

茶树菇烧豆腐

材料： 水发茶树菇 250 克，老豆腐 1 块，甜青椒、甜红椒、葱、姜各适量。

调料： 盐、鸡精、高汤各适量。

做法：

❶老豆腐用清水冲洗干净，切块，沥干水分，然后入热油锅中煎至两面微黄，捞出，沥尽余油。

❷水发茶树菇洗净，去根；甜青椒、甜红椒洗净，均切成丝；葱洗净，切成末；姜去皮洗净，切成末。

❸油锅烧热，爆香葱末、姜末、甜青椒丝、甜红椒丝，下茶树菇爆炒片刻。接着放入老豆腐块与茶树菇同炒片刻，加适量高汤煮开，待汤汁浓稠后加盐、鸡精调味即可。

什锦豆腐

材料： 嫩豆腐、荷兰豆、胡萝卜片各适量，香菇丁、小朵水发黑木耳、葱末各少许。

调料： 盐少许，老抽、鸡精、白糖、水淀粉各适量。

做法：

❶嫩豆腐切片，荷兰豆撕去两头筋膜。

❷将荷兰豆、胡萝卜片入沸水氽烫，备用。

❸油锅烧热，将嫩豆腐片下锅煎一下，沥油，备用。

❹锅内留底油，放葱末炒出香味后，将香菇丁、荷兰豆、胡萝卜片入锅煸炒一下，然后再加入嫩豆腐片；随后倒入少许水、老抽、白糖和盐，继续翻炒 1 分钟，再放入小朵水发黑木耳翻炒至熟；最后用水淀粉勾芡，加鸡精调味即可。

鸡蛋：宝宝最佳"营养库"

营养在线

鸡蛋是很多妈妈为宝宝添加辅食时的重要食材。鸡蛋中含有丰富的蛋白质，它含有维持生命和促进生长发育所需要的全部必需氨基酸，鸡蛋中的蛋白质是天然食品中最优秀的蛋白质，且极易被人体吸收，因此，营养学家称之为"完全蛋白质模式"。

鸡蛋富含 DHA、卵磷脂和卵黄素，对宝宝神经系统和身体发育十分有利，还可健脑益智。鸡蛋中含有丰富的蛋白质、脂肪、维生素和铁、钙、钾等人体所需要的矿物质，一天吃 1～2 个鸡蛋，即可满足人体对这些营养素的需求。

营养宜忌

用鸡蛋作为宝宝的辅食进行添加时，以煮、蒸的方式为佳，因为这样可以最大限度地锁住鸡蛋中的营养素。

妈妈们在给宝宝挑选鸡蛋时，应注意识别鲜鸡蛋和陈蛋，用手摸鸡蛋壳感觉粗糙的为鲜蛋，感觉光滑的就是储存一段时间的陈蛋，妈妈们应避免购买陈蛋。

 宝宝营养餐

奶肉香蔬蒸蛋

材料： 鸡蛋液、配方奶粉各 3 大匙，鸡肉块、胡萝卜块、小白菜块、奶酪粉各适量。

做法：

❶ 鸡蛋液与配方奶粉一同放入碗里搅拌均匀；鸡肉块、胡萝卜块、小白菜块放入沸水中汆烫，捞出盛入容器中。

❷ 把鸡蛋奶液倒入上述容器中，再撒少许奶酪粉用蒸锅蒸熟即可。

🌸 肉末蒸蛋

材料：鸡蛋 2 个，猪肉末、葱末各少许。

调料：盐、生抽、料酒、胡椒粉各适量。

做法：

❶ 鸡蛋打散，用滤网将蛋液过滤一遍，加少量清水搅匀。

❷ 将蛋液放入蒸锅内，以大火蒸 10 分钟左右。

❸ 另起锅，锅内倒少许油，加入所有调料和猪肉末煸炒，直至猪肉末熟透。

❹ 10 分钟后，取出蒸蛋，用筷子轻轻碰一下蛋液的表面，当其已成型后，撒入已炒好的猪肉末，盖上蒸锅，再蒸 2 分钟左右，起锅前撒葱末即可。

🌸 紫菜虾皮蛋花汤

材料：紫菜 40 克，虾皮 25 克，鸡蛋 2 个（取蛋清）。

调料：酱油、醋各 1 小匙，香油适量，料酒 50 毫升。

做法：

❶ 将紫菜用水泡发，洗净后撕块；虾皮洗净，放入水中泡软，再捞出后沥干水分，加酱油、醋、料酒拌匀，稍腌片刻。

❷ 油锅烧热，加入清水及虾皮，大火煮沸后放入紫菜块，3 分钟后再倒入鸡蛋清，待蛋清凝固后淋入适量香油拌匀即可。

❀ 蔬菜火腿蛋包饭 ❀

材料： 米饭（热）400克，鸡蛋3个，面粉100克，火腿50克，黄瓜1根，甜红椒、甜黄椒各40克，熟白芝麻20克。

调料： 盐、炸肉酱各适量。

做法：

❶ 甜红椒、甜黄椒及黄瓜分别洗净，切细条；火腿切细条。（见图①）

❷ 鸡蛋打入碗中，加面粉、少许盐、适量清水拌匀成面糊。

❸ 锅置火上，倒油烧热，倒入面糊，使之均匀地铺满锅底，用小火将面糊煎成圆饼。（见图②）

❹ 当圆饼的边缘有些上翘时，翻面，再烙至饼微微发黄，即可将饼盛出，在煎好的蛋饼上抹上炸肉酱。

❺ 待热米饭凉至不烫手时，加入1/4匙的盐和熟白芝麻拌匀，再取50克左右的米饭放在蛋饼上，压平。（见图③）

❻ 将黄瓜条、火腿条和红、黄椒条均匀地放在米饭上。

❼ 将蛋饼的下端向上翻折，压住一部分馅料，再把两边和上方同样向中间翻折，最后整个翻转过来即可。（见图④）

①　②　③　④

鸡肉：健脑益智、促进脑发育

营养在线

　　鸡肉的主要营养成分有蛋白质、脂肪、糖类、维生素 B_1、维生素 B_2、维生素 E、维生素 C、烟酸及钾、钠、钙、镁、铁、锌、铜、磷、硒等矿物质。鸡肉性温、味甘，归脾、胃、肝经，妈妈在为宝宝制作营养餐时，适量加入鸡肉末可以起到补脾养胃、补血止泻的作用。

　　鸡肉中含有丰富的卵磷脂，对宝宝神经系统和身体发育有重要作用。鸡肉中蛋白质的含量高，种类多，是人体摄取蛋白质的较佳来源。鸡肉中所含的蛋白质属于优质蛋白，因为它与人体组织蛋白较接近，且易被吸收，可为人体供给多种必需氨基酸，具有增强体力、强壮身体的作用。

营养宜忌

　　给宝宝喂食鸡肉时，应尽量选取清淡少油的鸡胸肉，这样更容易消化。

　　由于鸡肉性温，宝宝在感冒发热期间不宜多吃鸡肉，因为感冒多伴有发热、无力、头痛的症状，而且感冒期间消化功能也有所减弱。

 宝宝营养餐

海带炒鸡丝

材料： 水发海带 150 克，鸡胸肉 100 克，红椒丝、姜丝各少许。

调料： 盐少许，白糖、熟鸡油各适量。

做法：

❶ 水发海带切丝，鸡胸肉横切成丝。

❷ 锅内加油烧热，放入鸡丝炒至八成熟，加入海带丝略翻炒，再加入姜丝、红椒丝翻炒几次，调入盐、白糖，用中火炒至入味，淋入熟鸡油即可。

玉笋炒鸡条

材料： 嫩竹笋 80 克，鸡胸肉 50 克，红椒条、葱段各适量。

调料： 盐、水淀粉各适量。

做法：

① 鸡胸肉切条，加盐、水淀粉腌渍片刻；嫩竹笋切段。

② 锅加油烧热，倒入所有材料炒熟，下盐调味，放水淀粉勾芡即可。

山药鸡丝粥

材料： 白饭 1 碗，山药 200 克，鸡胸肉 80 克，青菜 1 棵。

调料： 盐少许。

做法：

① 山药去皮，切条；鸡胸肉切丝；青菜切段。

② 锅中加水煮沸，加入白饭、山药条，以大火煮沸，转小火煮至饭粒软透成粥状，再加入鸡肉丝、青菜段煮熟，起锅前加盐调味即可。

鸡胸肉拌南瓜

材料： 鸡胸肉 20 克，南瓜 15 克。

调料： 盐、酸奶酪、番茄酱各适量。

做法：

① 鸡胸肉入沸水中加盐煮熟，捞出后撕成细丝。

② 南瓜去皮、籽，切丁，入热锅中隔水蒸熟。

③ 鸡胸肉丝和南瓜丁放入碗中，加入酸奶酪、番茄酱拌匀即可。

苹果炒鸡肉

材料：鸡胸肉 200 克，苹果片 100 克，葱段少许。

调料：酱油、白醋、白糖各适量，盐、料酒各少许。

做法：

① 鸡胸肉切成片状，加入少许盐及料酒略腌。

② 油锅烧热，加入鸡胸肉片炒至颜色变白，盛起。

③ 锅留底油，放入苹果片略炒后，加葱段、酱油、白醋、白糖拌炒，再加鸡胸肉片炒匀即可。

可乐鸡翅

材料：鸡翅 500 克，可乐 300 毫升。

调料：酱油、葱花、姜丝各适量。

做法：

① 将鸡翅清理干净，表面划几刀。

② 油锅烧热，爆香葱花、姜丝，加鸡翅翻炒片刻。

③ 倒入可乐和酱油，以没过鸡翅为宜，大火煮熟后转小火慢炖，待鸡翅煮烂、汤汁黏稠即可。

鸡蓉豆腐汤

材料：鸡脯肉 50 克，豆腐 30 克，玉米仁 20 克。

调料：高汤、葱末、盐各适量。

做法：

① 鸡脯肉洗净，剁碎，备用。

② 锅置火上，加入适量高汤，放入碎鸡肉、玉米仁煮沸；豆腐冲洗干净，捣碎，加入高汤中，撒入葱末，调入少许盐即可。

牛肉：给宝宝一个强健的未来

营养在线

牛肉享有"肉中骄子"的美称，是仅次于猪肉的第二大肉类食品。牛肉含有丰富的钾、锌、镁、铁等矿物质和B族维生素。牛肉中的蛋白质不仅含量高，质量也高，它由人体所必需的8种氨基酸组成，且组成比例均衡，因此，人体摄入后几乎能被100%地吸收利用。

牛肉中锌含量很高，而且比植物中的锌更易吸收。锌元素有益于宝宝神经系统的发育和大脑的发育，可增强宝宝免疫力。所以建议通过给宝宝食用牛肉来补锌。另外，牛肉含铁量也非常丰富，在补充失血、修复组织等方面特别适合，所以适当给宝宝吃点嫩牛肉，可以预防宝宝缺铁性贫血。

营养宜忌

牛肉属于高蛋白、低脂肪的食物，一般情况下，宝宝6个月大的时候就可以适量吃一些肉类的辅食了，但一定要剁成碎末，采取煲粥或是炖的方式给宝宝吃。并且一定要注意控制食用量，不能让宝宝多吃。

 宝宝营养餐

水果蔬菜牛肉粥

材料： 大米200克，酱牛肉100克，胡萝卜丁、甘薯丁、梨丁、冬瓜丁各适量。

做法：

① 大米洗净，酱牛肉切碎块。

② 大米煮至八成熟的粥。

③ 在粥中加入酱牛肉碎块、甘薯丁、胡萝卜丁、梨丁、冬瓜丁，煮熟即可。

空心菜炒牛肉

材料：空心菜 300 克，牛肉片 150 克，甜红椒 50 克，蒜 20 克。

调料：盐半小匙，白糖、豆瓣酱各适量，醋少许。

做法：

① 空心菜洗净，切小段；甜红椒洗净，切片；蒜去皮，拍扁。

② 锅放油烧热，放入蒜、甜红椒片爆香。

③ 加入白糖、豆瓣酱、醋、空心菜段快速炒匀，盛出。

④ 另置油锅烧热，放入牛肉片炒至七成熟，加入空心菜的材料略炒，再加少许盐调味即可。

牛腩沙河粉

材料：沙河粉、牛腩各 100 克，洋葱、苹果各 50 克，柠檬、香菜末、姜片各适量，甜红椒块少许。

调料：盐、鸡精各少许。

做法：

① 牛腩入沸水中焯烫，捞出；洋葱洗净，切片；苹果洗净，切块。

② 油锅烧热，炒香洋葱片和姜片。

③ 另置锅，放入水、牛腩、苹果块和炒好的洋葱片、姜片，炖 30 分钟左右，放盐、鸡精调味。

④ 将炖制好的牛腩取出，切小块。

⑤ 将河粉煮熟捞出装碗，放入牛腩块、香菜末、甜红椒块以及洋葱片、苹果块拌匀，挤入柠檬汁即可。

胡萝卜煮牛肉

材料：牛肉 150 克，胡萝卜 1/2 个，西红柿 1 个。

调料：牛尾汤 1 碗，白糖、干淀粉、酱油、香油、盐各适量。

做法：

① 胡萝卜洗净，切片。

② 西红柿洗净，放入开水中氽烫一下，去皮，切碎。

③ 牛肉洗净，切碎，加入酱油、白糖、干淀粉、香油、盐腌渍 10 分钟。

④ 锅置火上加油烧热，下入碎牛肉炒至半熟时，放入碎西红柿略炒片刻后，加入胡萝卜片、牛尾汤及少许盐，以小火煮约 10 分钟即可。

牛肉蔬菜汤

材料：牛里脊片 200 克，洋葱 100 克，胡萝卜、土豆、香菇、香菜各适量。

调料：盐、白糖各少许，牛骨高汤 600 毫升。

做法：

① 洋葱、胡萝卜、土豆去皮，洗净，切丁；香菇去蒂，洗净，切丁；牛里脊片洗净。

② 锅中倒油烧热，先放入洋葱丁炒香，再加入胡萝卜丁、土豆丁、香菇丁炒匀，倒入牛骨高汤和盐、白糖煮沸，最后加入牛里脊片煮至水沸，撇去浮沫即可。

大米：补充营养的基础物质

营养在线

大米被称为"五谷之首"，是人们餐桌上最常见的主食之一。大米具有健脾养胃、益精强志、聪耳明目的功效。

大米中含有大量糖类，是补充热量的重要食材。

为宝宝添加辅食，大米是粥类食物中必不可少的食物。大米具有健脾益胃、除烦渴的作用，所以宝宝便秘时也可以适量食用大米粥来缓解症状，如果宝宝咳嗽的话，也可以适量在粥里加点梨，来起到润肺止咳的效果。

营养宜忌

一般来说，宝宝6个月大的时候就可以少量地进食大米粥了，但一定要注意将大米熬至黏稠稍碎一些，方便宝宝进食。选购大米时也要以质地柔软细腻者为佳。宝宝1岁时，咀嚼能力加强，就可以进食软米饭了。

宝宝的胃黏膜还很脆弱，在给宝宝喂食粥的时候如果温度过热，容易烫伤宝宝的胃黏膜。因此，妈妈要等粥凉一些再给宝宝食用，但也不要过凉，以免引起宝宝不适。

 宝宝营养餐

豌豆瓜皮粥

材料：粳米100克，西瓜皮、豌豆各适量。

做法：

①豌豆洗净，用温开水浸泡至软，与粳米一同放入锅中。

②西瓜皮去掉外皮，切小块。

③锅中加适量水，用小火熬煮至豌豆烂熟，放入西瓜皮块，继续煮10分钟即可。

❀ 西红柿山楂粥

材料：西红柿、大米各 100 克，山楂 40 克。

调料：冰糖 10 克。

做法：

① 山楂洗净，加水煮开，转小火煎煮 20 分钟后取汁；西红柿切丁。

② 大米洗净，加入山楂汁煮开，转小火煮成稀粥，加入西红柿丁、冰糖调味，稍煮至冰糖融化即可。

❀ 牛奶鲑鱼炖饭

材料：大米 300 克，鲑鱼肉 100 克，西蓝花 50 克，洋葱、牛奶、高汤各适量。

做法：

① 鲑鱼肉切丁；西蓝花撕成小朵；洋葱切末。

② 锅内倒油烧热，下入洋葱末爆香，放入鲑鱼肉丁稍微拌炒，加入大米、牛奶和高汤，用中小火炖煮至熟软，再加入西蓝花朵续煮至汤汁收干即可。

❀ 什锦蒸饭

材料：大米 200 克，燕麦 50 克，鲜香菇 4 朵，猪肉丝 40 克，豌豆、高汤各适量。

做法：

① 将大米和燕麦分别洗净，在清水中浸泡 30 分钟，沥干；鲜香菇洗净后切小丁。

② 锅内倒入高汤，加入大米、燕麦、鲜香菇丁、猪肉丝与豌豆，拌匀后蒸熟，再焖 8 分钟左右即可。

蛋肉米丸

材料：猪肉馅50克，鸡蛋1个（取蛋液），糯米25克。

调料：水淀粉、香油、盐、葱末、姜末各少许。

做法：

❶ 猪肉馅加入鸡蛋液、水淀粉、香油、盐、葱末、姜末及适量水，用力搅拌，待有黏性时搓成大小相等的丸子。

❷ 将丸子逐个粘一层糯米，放入盘内，上笼用大火蒸25分钟即可。

贴心小叮咛

糯米有补虚、补血、健脾暖胃、止汗等功效，但糯米比较黏且不容易消化，给宝宝吃时一定要注意量。

黄瓜腌萝卜寿司

材料：米饭200克，紫菜（烤）1张，黄瓜、黄萝卜各50克，黑芝麻（熟）10克。

做法：

❶ 黄瓜洗净，切成5～6厘米长的段，再切丝；黄萝卜洗净，也切成5～6厘米长的段，同样切丝。

❷ 把紫菜切成两半，平放在竹帘上，上面铺上适量米饭。

❸ 再横向放上黄萝卜丝、黄瓜丝，撒上黑芝麻，然后将竹帘卷成三角形，并用手指适当按压成型即可。

贴心小叮咛

黄萝卜是用新鲜白萝卜加盐、姜黄、糖精等腌渍而成的日本腌菜，超市有售。

第六章

呵护小宝宝，
宝宝常见病调养食谱

宝宝的身体功能发育不完全，免疫力也比较低，因此他们对疾病的抵抗力就比较弱，有时生病在所难免。宝宝生病了，爸爸妈妈最揪心。除了带宝宝去医院就诊，寻求医生的帮助外，爸妈们还可以在医生的指导下，适当用食疗的方式对宝宝进行辅助治疗和身体调养，以减轻宝宝的痛苦。

宝宝缺铁性贫血

贫血分为多种，其中缺铁性贫血是宝宝的常见疾病，我国儿童缺铁性贫血的发生率较高。缺铁性贫血是由某种原因影响人体对铁的摄入或吸收，造成人体内铁储存不足、血红蛋白合成减少而导致的。缺铁性贫血会严重影响宝宝的生长发育，所以妈妈爸爸们要注意。

症状表现

宝宝患上缺铁性贫血，最早的表现是厌食、体重停止增长或体重下降；还会出现表情呆滞、易激动、好哭闹、对周围事物不感兴趣等症状，

失去宝宝应有的活泼天性；严重者还会出现反应迟钝，注意力、记忆力比健康宝宝差，智商降低等症状。

此外，患上缺铁性贫血，会使宝宝的免疫系统受到损害，导致宝宝容易生病且不易痊愈；此病还会引起宝宝体内组织缺氧，导致宝宝出现呼吸困难、脸色苍白、头晕等症状。

病因分析

缺铁性贫血常见于6个月至3岁的婴幼儿，根据世界卫生组织颁布的标准，当6个月到5岁的宝宝其每升血液中的血红蛋白含量低于110克时，即可诊断为缺铁性贫血。

一般来说，缺铁性贫血多由饮食不当所致。宝宝刚出生时，体内有足够的铁，但随着宝宝的成长，其体内的铁含量越来越少，这时他们需要从饮食中获取铁。若是宝宝的饮食结构不合理，没有补充含铁丰富的食品，宝宝就容易患上缺铁性贫血。

除了饮食的原因，某些疾病也会引发缺铁性贫血，比如胃肠溃疡、肠息肉、慢性出血性疾病等。此外，有急性出血的外伤等也会引起缺铁性贫血。

护理治疗

宝宝患上缺铁性贫血，首先需要在医生的指导下进行药物治疗。铁剂是治疗缺铁性贫血的特效药，一般口服铁剂是最经济、方便和有效的方法。若是宝宝病情比较重、腹泻严重且不耐受口服铁剂，则需采用注射的方法治疗。在某些情况下，还可以考虑用输血的方式治疗此病。

在用药物治疗的同时，妈妈应在医生的指导下调节宝宝的日常饮食。首先要纠正宝宝偏食的习惯，其次要多给宝宝喂食富含蛋白质、铁和维生素C的食物，如蛋黄、动物肝脏、瘦肉、紫菜、海带、黑木耳、绿色蔬菜、芝麻、柑橘、樱桃等。

另外，妈妈一定要注意，过量食用鲜牛奶也会导致有些宝宝出现缺铁性贫血，所以要控制宝宝食用鲜牛奶的量，若宝宝已经患病，可考虑用奶粉等代替鲜牛奶给宝宝食用。

宝宝营养餐

红枣蒸肝泥

材料：猪肝 50 克，红枣 6 颗，西红柿 1/2 个。

做法：

① 红枣用水浸泡 1 小时，剥去外皮及内核，剁碎；猪肝放入搅拌机中打碎。

② 西红柿在开水中烫一下，去皮，剁成泥。

③ 将红枣泥、西红柿泥、猪肝泥混合在一起，加适量水，上锅蒸熟即可。

猪肝瘦肉粥

材料：猪肝粒、白菜碎末各 30 克，猪瘦肉片 15 克。

调料：米粥 1 碗，盐少许。

做法：

① 锅中加适量水以大火煮沸，放入猪瘦肉片煮熟。

② 再放入白菜碎末、猪肝粒煮至熟透。

③ 倒入米粥拌匀，加盐调味即可。

紫米红枣粥

材料：紫米、红枣各适量。

调料：白糖 1 小匙，椰浆少许。

做法：

① 紫米洗净后放入锅中，加入适量水煮烂。

② 红枣倒入沸水中煮 3 分钟，去皮研泥。

③ 将煮烂的紫米与红枣拌好，加入白糖及椰浆搅拌均匀即可。

肉丝海带汤

材料：猪瘦肉 50 克，海带丝 100 克，胡萝卜 20 克，姜、葱末各适量。

调料：盐、白糖、鸡精、干淀粉各适量。

做法：

① 将胡萝卜、猪瘦肉切丝；海带丝切段；生姜去皮，切片；瘦肉丝用干淀粉抓匀。

② 锅倒水煮沸，将海带丝段、胡萝卜丝入沸水中汆烫，捞出备用。

③ 油锅烧热，放入葱末、姜片炒香，加适量水煮开，加入海带丝段、胡萝卜丝、瘦肉丝，放入剩余调料煮沸即可。

营养疙瘩汤

材料：猪瘦肉、面粉各 100 克，菠菜 50 克，鸡蛋 1 个，紫菜、葱花、姜末各适量。

调料：盐适量。

做法：

① 猪瘦肉洗净后剁成末；菠菜洗净，入沸水中汆烫，捞出切小段；鸡蛋破壳打成蛋液。

② 面粉放入盆内，倒入适量清水，拌出小面疙瘩。

③ 锅加油烧热，爆香葱花、姜末，下肉末煸炒，加适量水煮沸，放入小面疙瘩边煮边搅拌。

④ 倒入鸡蛋液，放入菠菜段、紫菜及少许盐，稍煮即可。

宝宝厌食

妈妈们有没有发现，有时候在自家宝宝身上会出现这种情况：看见食物不想吃，吃饭的时候望着饭发呆而不动筷子。出现这种情况会让妈妈们伤透脑筋。宝宝不爱吃饭，身体越来越消瘦，妈妈爸爸怎么劝诱都无济于事，这时就该考虑：宝宝是不是厌食了。

症状表现

这里指的宝宝厌食与临床上所说的厌食症不是同一个概念。宝宝厌食指的是孩子对食物缺乏兴趣，吃饭没有规律，造成营养摄入不当，从而影响宝宝的正常生长发育。

宝宝厌食的表现一般有对食物特别是正餐的食物兴趣下降；身高、体重增长落后于同龄孩子；可能会有贫血的表现，如面色苍白或萎黄、精神倦怠等；体重增加缓慢、消瘦；免疫力下降，从而反复出现呼吸道感染症状等。

病因分析

导致宝宝厌食的原因有很多，主要有以下

几种：给宝宝喂食过多的零食、高营养补品，或给宝宝顿顿吃大鱼大肉、常喝含糖饮料，这样宝宝在吃饭时没有饥饿感，等到饥饿时又以点心充饥，形成恶性循环，造成肠胃受损，引发厌食。宝宝出生后喂养食物单调，家长长期以奶制品及淀粉类饮食作为宝宝的食物，造成宝宝纤维素、维生素及矿物质摄入不足，大便干结，舌体味蕾扁平，味觉呆钝，食欲不振，也会引发宝宝厌食。

　　如果不注意卫生，宝宝很容易感染寄生虫，若寄生虫在宝宝体内繁殖生长，也会损害宝宝的脾胃，扰乱正常的消化和吸收功能，最终让宝宝患上厌食症。

　　宝宝体内缺锌时，也有可能引发厌食，因为锌是人类唾液中味觉素的组成成分之一，人体缺锌时，味觉有可能变得不敏感，导致吃饭时食之无味，时间一长，就容易引起厌食症。

　　此外，家长为了让宝宝多吃饭，有时候会强迫宝宝，这样会影响宝宝吃饭时的情绪，形成条件反射性拒食，最后很有可能发展成厌食症。

护理治疗

　　厌食严重的宝宝应去儿科排除相关疾病。

如确认是由于喂养不当所致，家长首先要找出具体原因，然后对症下药，若宝宝因缺锌而厌食，就应注意在医生的指导下，给宝宝补锌。此外，妈妈们还要注意以下事项。

　　首先，要给宝宝创造一个良好的就餐环境，尽量使宝宝能轻松愉快地进食，家长不要在宝宝面前谈论其饭量、饮食偏好等问题，也不要逗引宝宝做与吃饭无关的事情，玩具之类会吸引宝宝注意力的物品也要收起。

　　其次，给宝宝的食物要保证营养均衡、丰富多样、容易消化。蔬菜、水果等，每天要定量食用。零食、甜食、肥腻多油的食物也要少给宝宝喂食。

　　最后，平时应该定时、适量地给宝宝喂食，要注意不要让宝宝吃得过饱。

宝宝营养餐

🐾 牛奶核桃糊

材料： 牛奶 50 克，核桃仁 100 克，草莓少许。

调料： 儿童蜂蜜少许。

做法：

❶ 核桃仁去皮，洗净后沥干；草莓去蒂，洗净后沥干。

❷ 将牛奶、草莓、核桃仁及适量温开水一同放入搅拌机中搅匀，取出后用细筛过滤后用儿童蜂蜜调味即可。

🐾 木瓜炖银耳

材料： 青木瓜 100 克，银耳 30 ~ 40 克。

调料： 冰糖少许。

做法：

❶ 木瓜洗净，去籽，切块，置于碗内。

❷ 银耳泡发洗净，撕碎，放进木瓜碗内。

❸ 将冰糖撒在银耳上面。

❹ 放入锅中，用大火蒸熟即可。

🐾 花生薏苡仁汤

材料： 薏苡仁 40 克，花生仁 25 克（去皮），枸杞子 5 克，红枣 4 枚（去核）。

做法：

❶ 花生仁、薏苡仁浸泡 8 小时；枸杞子泡涨。

❷ 锅中加适量清水煮沸，加入花生仁及薏苡仁，以大火煮沸，改中火续煮 30 分钟。再加入红枣及枸杞子，小火煮 30 分钟即可。

宝宝肥胖

我们通常把超过按身高计算的平均标准体重20%的宝宝称为肥胖症患儿。在各类肥胖症中，单纯性肥胖是最常见的一种，这是一种因热量摄入长期超过热量消耗，宝宝体内脂肪积蓄过多，导致其体重超过同年龄、等身高的正常宝宝的病症。过多的脂肪对于宝宝来说是沉重的负担，研究发现，婴幼儿至儿童时期患有肥胖症有可能是成人肥胖症、高血压、冠心病及糖尿病等的先驱病。因此，妈妈们一定要对宝宝肥胖症产生足够的重视。

症状表现

宝宝患上肥胖症的表现有生长发育迅速，体重超过同年龄、同性别、同身高正常宝宝体重平均值的20%以上；四肢肥胖，尤其是上肢和臀部脂肪较多；易疲劳，不好动，行动较为笨拙；食欲旺盛且食量大，喜欢吃甜食、高脂肪食物，不喜欢吃清淡食物。在一些患有肥胖症的宝宝身上还会出现性发育早于同年龄宝宝的现象。

病因分析

宝宝患上肥胖症的原因主要有以下几种：

首先是遗传因素和病理因素。如果宝宝的直系亲属中有肥胖的人，宝宝患上单纯性肥胖的可能性就很大，这是遗传因素；宝宝甲状腺功能减退、肝炎痊愈后等都会引起肥胖，这种肥胖属于病理性肥胖。

其次是喂养不当。任由宝宝暴饮暴食，给宝宝喂食过多的油炸食品、含糖饮料、高脂肪食品，辅食添加不当，或者为了增强宝宝体质而盲目地给宝宝食用各种营养补品，这些都会造成宝宝肥胖。

最后是某些宝宝的肠胃消化吸收能力较一般的宝宝强。这些宝宝的饮食摄入和作息习惯都比较正常，也不存在遗传因素和病理因素，但还是容易胖。

运动量太少，也容易导致宝宝变胖。

护理治疗

宝宝肥胖，首先要做的是搞清楚病因，然后对症治疗。若宝宝的肥胖是由疾病所导致的，应该及时就医，在医生的指导下进行针对原发病的治疗。若宝宝是单纯性肥胖，妈妈们就应该注意平时的喂养细节。

首先要注意的是保证宝宝日常饮食的均衡合理。给宝宝吃的食物种类要丰富，瘦肉、鱼、虾、禽、蛋等动物蛋白以及各种蔬菜、水果和奶制品等无所不包，且比例要合理；饮料、零食，尤其是甜点、糖果、干果、奶油、油炸食品等高热量食物要少吃，特别是晚餐后不要再让宝宝吃零食；给宝宝吃的食物宜采用蒸、煮或凉拌的方式烹调，减少容易消化吸收的糖类（如蔗糖）的摄入；要养成宝宝良好的饮食习惯，不暴饮暴食；不要想当然地给宝宝吃补品，

若是有需要，应在医生指导下进行。

宝宝的日常运动也要重视，应适当增加宝宝的活动量。宝宝1周岁以前，每天坚持给宝宝做被动运动，如抚触、婴儿操等；宝宝能自己活动后，可通过游戏来引导宝宝主动运动。如果宝宝不愿意运动，家长要积极地和宝宝一起锻炼，这样不仅能调动起宝宝的积极性，家长也能更好地掌握宝宝的运动量，并养成定时锻炼的好习惯。

 宝宝营养餐

金枪鱼橙子沙拉

材料： 罐头金枪鱼 25 克，橙子 1 个。

调料： 酸奶 20 克。

做法：

❶ 橙子去皮、籽，取果肉，切小块。

❷ 将果肉混入金枪鱼中，淋上酸奶后拌匀即可。

香蕉燕麦粥

材料：香蕉 30 克，燕麦 1 ~ 2 大匙。

调料：清高汤 5 大匙。

做法：

① 香蕉切薄片，加入清高汤拌匀，放入微波炉内加热约 1 分钟。

② 香蕉出炉后再略微捣碎，加燕麦片搅拌均匀，入微波炉煮热即可。

丝瓜粥

材料：丝瓜 500 克，大米 100 克，虾米 15 克，葱、姜各适量。

做法：

① 丝瓜洗净，去瓤，切块；大米淘洗干净。

② 锅置火上，加水煮开，倒入大米煮粥。

③ 粥快熟时，加入丝瓜块、虾米以及葱、姜，煮沸入味即可。

蒜香蒸茄

材料：茄子 1 个，大蒜适量。

调料：香油、盐各适量。

做法：

① 茄子洗净切条；大蒜去皮，洗净后剁成泥状。

② 将茄子条放入碗中，撒上蒜泥，淋香油，加盐调味。

③ 锅内加水，待水开后，将碗放入蒸锅中蒸 30 分钟即可。

宝宝秋季腹泻

每当换季的时候，特别是秋末冬初，年龄较小的宝宝身体会出现一些小毛病，如感冒、腹泻、咳嗽等。

秋季腹泻是最常见的小儿病症，严重的情况下，有的宝宝一天能拉十几次大便，并有明显消瘦现象，这让妈妈们十分担心，所以预防宝宝秋季腹泻十分重要。

症状表现

宝宝腹泻的主要症状有起病急，初始时常伴有感冒症状，如鼻塞、咳嗽等，有的还有发热和呕吐症状；排便急，无法控制，严重者可成喷射状排出；大便次数多，每日能达到十几次，大便呈黄色水样或蛋花汤样，带少许黏液或脓血，无腥臭味；严重时，会出现脱水症状，如易口渴、尿量减少、烦躁不安、精神倦怠等。

病因分析

宝宝秋季腹泻一般由轮状病毒、ECHO病毒、柯萨奇病毒引起，其中轮状病毒是祸首。传染源主要是腹泻患者及病毒携带者。

宝宝秋季腹泻一般为散发或小流行，经由

粪便—口传播，也可通过气溶胶的形式经由呼吸道而感染。

得此病的患儿一般年龄段为6个月～3岁，因为这一年龄段的宝宝肠胃功能较弱，抵抗轮状病毒的抗体水平较低，免疫功能又不完善，因此容易感染此病毒。

而6个月以内的宝宝体内由于有来自母体和母乳中的抗体，往往不易患此病。

护理治疗

预防是最好的治疗，预防宝宝秋季腹泻，首先要注意防止"病从口入"，要让宝宝养成良好的卫生习惯；哺乳期的妈妈也要注意卫生，勤洗澡、勤换内衣；宝宝生活的环境、玩具和餐具要保持清洁，并时常消毒；让宝宝远离腹泻患者。

若宝宝已经患上秋季腹泻，妈妈们要带宝宝及时就医，不要轻易给宝宝服用抗生素，吃药要遵医嘱；给患病宝宝吃的食物应以流质或半流质为主，一定不要喂食生冷、油炸、辛辣刺激的食物；注意给宝宝补水，可在水中加入少量白糖和食盐，以预防宝宝脱水；做好宝宝的腹部保暖工作，可以用热水袋热敷宝宝的腹部；宝宝大便后要及时清洗宝宝臀部，更换尿布。

宝宝营养餐

藕汁生姜露

材料： 鲜嫩藕 200 克，生姜 20 ~ 30 克。

做法：

① 鲜嫩藕、生姜全部放入榨汁机榨成汁。

② 榨好的汁可用净纱布包好，放在瓷盆里用木块压或用手挤都可。

苹果汤

材料： 苹果半个。

调料： 盐少许。

做法：

① 苹果洗净，切碎。

② 加 250 毫升清水和少许盐（也可再加点白糖）煎汤。

妈妈喂养经

在宝宝患秋季腹泻时，让宝宝饮用此汤，有辅助治疗的作用。

焦米汤

材料： 大米 1 小碗。

做法：

① 大米洗净后晾干，放入锅中干炒，用中火炒至焦黄，香味溢出为止。

② 大米炒好以后，不用起锅，直接倒入适量水煮半小时。

③ 过滤去掉米粒，用米汤喂宝宝。

胡萝卜酸奶糊

材料： 胡萝卜 1/10 个，面粉 1 小匙，圆白菜 10 克。

调料： 酸奶 1 大匙，肉汤 3 大匙，黄油适量。

做法：

① 圆白菜、胡萝卜均洗净，切成细丝。

② 用黄油将面粉稍炒一下，加入肉汤、蔬菜一起煮，并轻轻地搅动，将煮好的糊冷却后与酸奶拌在一起搅匀即可。

胡萝卜汤

材料： 胡萝卜 250 克。

调料： 白糖少许。

做法：

① 胡萝卜洗净，切成小块，加水煮烂。

② 用纱布将渣过滤掉。

③ 再加 500 毫升水及白糖，煮开即可。

小米胡萝卜糊

材料： 小米 50 克，胡萝卜 1 根。

做法：

① 将小米淘洗干净，放入小锅中熬成粥，取最上面的小米汤晾凉。

② 将胡萝卜去皮洗净，上锅蒸熟后捣成泥状。

③ 将小米汤和胡萝卜泥混合搅拌均匀成糊状即可。

宝宝便秘

如果宝宝2～3天不解大便，而身体的其他情况均良好，有可能是一般的便秘。但如果宝宝出现腹胀、腹痛、呕吐等症状，就不能认为是一般便秘，应及时将宝宝送医院检查治疗。

症状表现

宝宝便秘的表现为排便次数减少，2～3天不解大便；腹部胀满、疼痛，大便难以解出；大便量少，排出时有痛感；排出的粪便坚硬干燥，有时呈褐色圆球形状；食欲减退。

病因分析

婴幼儿便秘大致可以分成两种，即功能性便秘和先天性肠道畸形导致的便秘。前者通过

调理便可痊愈，后者需经外科手术进行矫正。导致宝宝功能性便秘的因素主要有以下几种：

宝宝长期饮食不佳或量少，会导致营养不良，腹肌和肠部肌肉力量不足，加上因食量少导致便量减少，于是宝宝很难解出大便，易导致顽固性便秘。

宝宝日常饮食中蛋白质含量过高而缺少糖类物质，会导致肠发酵减少，使得大便干燥且排便次数减少；食物过于精细，粗纤维摄入不足，这些都有可能导致宝宝便秘。

宝宝生活没有规律，没有养成按时排便的习惯，使排便的条件反射难以形成，这样也会

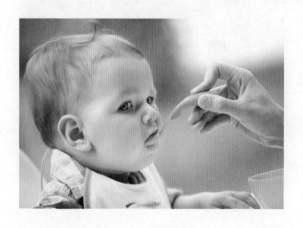

导致便秘。

此外，遗传与生理缺陷、精神因素、运动不足等也是宝宝便秘的诱因。

护理治疗

防止或辅助治疗宝宝便秘，首先需要做的就是调整宝宝的饮食。当宝宝 6 个月之后，就可以吃一些由米面做成的辅食，如果宝宝有便秘现象，妈妈可以喂宝宝一些蔬菜泥、水果泥，这样可以帮助宝宝肠道蠕动。此外，喂养宝宝也要遵循"少食多餐"的原则。

其次要让宝宝养成良好的生活习惯。妈妈要注重培养宝宝早睡早起和晨起排便的好习惯，这样坚持一段时间之后，宝宝的便秘便会有所改善或痊愈。

保证宝宝有足够的活动量也是非常重要的。妈妈不要整天抱着宝宝或者让宝宝躺在床上，而应该让宝宝多运动。对于还不能自己走路的宝宝，可以拉着他的手让他学着站立，或架着他蹦一蹦；对于年龄比较大的宝宝，可以让他多爬行或跑动，这样都有助于促进宝宝肠蠕动，利于排便。

最后，让宝宝多喝水、保持口腔卫生等对预防和治疗宝宝便秘也很重要。

宝宝营养餐

牛奶甘薯泥

材料： 甘薯 200 克。

调料： 配方奶粉适量。

做法：

❶ 甘薯洗净，去皮，蒸熟，用匙子碾成泥。

❷ 配方奶粉冲调好，倒入甘薯泥中调匀即可。

胡萝卜黄瓜汁

材料： 胡萝卜、黄瓜各 1 根。

调料： 白糖少许。

做法：

❶ 胡萝卜、黄瓜均洗净，切段。

❷ 在榨汁机中加入适量矿泉水，然后加入胡萝卜段、黄瓜段榨汁，加少许白糖（或牛奶）调味即可。

苹果鱼泥

材料： 鱼肉、苹果各适量。

做法：

❶ 鱼肉放入耐热容器中淋适量水，用保鲜膜封起，放入微波炉中加热至熟，取出捣碎。

❷ 苹果磨成泥，与捣碎的鱼肉一起放入锅里煮片刻即可。

❀ 苹果香蕉泥

材料： 苹果 1/2 个，香蕉 1 根。

做法：

① 苹果洗净，香蕉剥皮，分别刮成泥状。

② 将苹果泥和香蕉泥充分搅拌均匀。

③ 放入蒸锅中蒸 3 分钟即可。

❀ 蜜奶芝麻羹

调料： 儿童蜂蜜 20 毫升，牛奶 100 毫升，黑芝麻 10 克。

做法：

① 将黑芝麻洗净，晾干，用小火焙熟后研成细末。

② 将牛奶煮沸，稍凉后冲入儿童蜂蜜，最后将黑芝麻末放入调匀即可。

❀ 鸡蛋玉米糊

材料： 鸡蛋 1 个（打散），玉米糊少许。

调料： 鲜牛奶 100 毫升，儿童蜂蜜少许。

做法：

① 鲜牛奶倒入锅里，加入玉米糊搅匀。

② 将做法 1 中的材料用小火煮开，加入鸡蛋液，迅速搅拌均匀。

③ 再加入少许儿童蜂蜜，搅匀即可。

❀ 猪肺粥

材料：猪肺 100 克，大米 50 克，葱花、姜末各适量。

调料：盐适量。

做法：

① 将猪肺洗净，放入沸水中汆 1 分钟以上，除去血沫和脏物，再加适量清水煮至猪肺七成熟时，取出切丁。

② 大米洗净，加猪肺汤、猪肺丁及适量清水煮粥。

③ 粥熟后，调入葱花、姜末、盐，再煮 1 ~ 2 沸即可。

❀ 甘蔗汁蜂蜜粥

材料：大米 50 克。

调料：甘蔗汁 100 毫升，儿童蜂蜜 50 毫升。

做法：

① 大米洗净，煮粥。

② 待粥熟后调入儿童蜂蜜、甘蔗汁，再煮 1 ~ 2 沸即可。

❀ 芝麻芹菜

材料：芹菜 30 克。

调料：高汤 3 大匙，黑芝麻粉 1 小匙。

做法：

① 芹菜洗净，切细条；起锅热油，放入芹菜条翻炒，加入高汤煮开。

② 待高汤煮干后盛起，撒上黑芝麻粉即可。

宝宝普通感冒

普通感冒，医学上是指急性鼻炎或上呼吸道感染，多由鼻病毒引起，而冠状病毒、副流感病毒、柯萨奇病毒等也能引起普通感冒。对于宝宝来说，普通感冒是常见病，也是多发病。宝宝易患的感冒有三种：暑热感冒、风寒感冒和风热感冒。宝宝患普通感冒时，妈妈要及时带宝宝去医院就诊，并配合医生积极治疗。当然，家长也有必要掌握一些分辨感冒类型的方法，这样护理患病宝宝的时候才会得心应手。

症状表现

暑热感冒： 头痛、头胀，腹痛、腹泻，口淡无味，发热。

风寒感冒： 鼻塞、头痛、打喷嚏、咳嗽，畏寒、低热无汗、肌肉酸痛，流清涕、吐稀薄白痰、咽喉红肿疼痛，易口渴、喜热饮，舌苔薄白。

风热感冒： 发热，一般在 38 ～ 40℃，出汗多，口唇干红、咽干、咽痛，鼻塞、鼻涕黄，咳嗽声音重浊，痰少不易咳出，舌苔黄腻。

病因分析

家长的喂养方式不科学，造成宝宝营养不良或不均衡，导致宝宝体质较差，机体的抵抗力较弱，这是宝宝易患感冒的根本原因。

宝宝患感冒的另一个主要原因是受家长、尤其是妈妈的传染。婴幼儿的免疫功能不健全、抗病能力较差，又与家长尤其是妈妈零距离接触，若家长患了感冒，在给宝宝喂食、洗澡、换尿布，或哄宝宝睡觉时，很容易把感冒传染给宝宝。

此外，宝宝受凉或被风吹之后，很容易患上感冒。所以家长要注意不要让电扇或空调出风口直接对着宝宝吹。

护理治疗

宝宝患上暑热感冒，喂食时应以清淡食物为主，适当给宝宝饮用一些清凉去热的果汁，是不错的选择。秋冬季节是风寒感冒的多发期，家长要尽量通过调节饮食来为宝宝补充各种维生素，以提高宝宝的免疫力和抗病能力。患有风热感冒的宝宝一般会出现发热，容易口渴，也爱出汗，因此家长要及时为宝宝补充水分，以防宝宝脱水。

患病宝宝身心都不舒服，家长要尽量保持宝宝居室环境的舒适，如用加湿器增加房间的湿度，可帮助宝宝顺畅呼吸。此外，对于感冒的宝宝，休息好是治疗的关键，家长要尽量减少宝宝的活动时间，让宝宝多睡一会儿觉。

宝宝营养餐

葱白粳米粥

材料：葱白（葱的根部）5 段，姜 6 片，大米适量。

做法：

① 将大米洗净煮成粥。

② 将葱白放入粥中，待粥快熟时放入姜片，煮 5 ~ 10 分钟至粥软熟即可。

姜枣红糖水

材料：生姜丝 20 克，红枣 3 颗，红糖少许。

做法：

① 红枣洗净，去核，撕成几片。

② 生姜丝和红枣片一起放入锅中，加适量清水煮沸 10 分钟，放入红糖再煮沸，捞出生姜丝和红枣片，晾温即可。

西瓜西红柿汁

材料：西瓜瓤适量，西红柿 1/2 个。

做法：

① 西红柿用开水烫一下，去皮，去籽；挑去西瓜瓤里的籽。

② 将纱布或滤网清洗干净，消毒。

③ 用纱布或滤网滤取西瓜瓤和西红柿中的汁液，混匀即可。

鸡肉米粉土豆泥

材料：婴儿米粉 1/2 碗，土豆 1 个，鸡肉 60 克。

调料：鸡汤少许。

做法：

1. 鸡肉煮熟，搅成泥状。

2. 土豆煮熟后去皮，用勺子碾成泥。

3. 将鸡肉泥和土豆泥放入婴儿米粉中，用适量温开水和少许鸡汤调成糊状即可。

白萝卜汤

材料：白萝卜 150 克。

做法：

1. 白萝卜洗净，切为薄片，放入锅中加适量的清水煮 5 ~ 10 分钟。

2. 捞出白萝卜片，待汤水晾温后喂给宝宝喝。

妈妈喂养经

如果宝宝能够吃一些辅食，白萝卜可以煮得烂些，捣碎后跟汤水一块喂给宝宝，效果更佳。

蔬菜面

材料：南瓜 4 块，白菜叶 5 片，菠菜叶 2 片，面条适量。

调料：高汤适量。

做法：

1. 将南瓜去皮，切成小丁并煮软。

2. 将白菜叶、菠菜叶分别氽烫至软并切碎。

3. 锅中加入面条和高汤煮沸，推入南瓜丁、白菜叶碎、菠菜叶碎，再次煮沸至面条熟即可。

❀ 梅子鸡汤

材料: 鸡腿 100 克，黄瓜 70 克，梅子 10 克，姜片适量。

调料: 梅汁适量。

做法:

① 黄瓜洗净，切成小块，梅子洗净。

② 鸡腿洗净，剁成小块，放入沸水中汆烫，捞出。

③ 电饭锅中放入鸡腿块、梅子、姜片并淋入梅汁，加适量水煮至开关跳起后继续焖 30 分钟左右。

④ 将黄瓜放入汤汁中再次煮至开关跳起即可。

（妈妈喂养经）

鸡汤中含有的某种特殊物质对保持呼吸道通畅，清除呼吸道病毒，加速感冒痊愈有很好的疗效。

❀ 雪梨百合冰糖饮

材料: 雪梨 100 克，百合 5 片。

调料: 冰糖 1 颗。

做法:

① 百合洗净，撕小片；雪梨去皮、核，切成小薄片。

② 将百合片与雪梨片一起放入锅中加水共煮，以大火煮沸，漂去白沫，转小火煮 15 分钟左右，直到食材熟烂，再加入冰糖煮至完全融化。

③ 捞出百合片和雪梨片，晾温后喂给宝宝吃。对于大一点的宝宝，可以把百合和雪梨捣成糊，跟汤水一起喂给宝宝。

（妈妈喂养经）

此饮有生津止渴、滋阴降火的功效，适用于风热感冒的宝宝饮用。

宝宝咳嗽

　　咳嗽是宝宝最常见的呼吸道疾病症状之一。宝宝支气管黏膜比较娇嫩，抵抗病毒感染的能力较差，很容易发生炎症，引发咳嗽。咳嗽其实是一种自我保护现象，同时也预示着宝宝身体的某个部位出了问题，并提醒妈妈们要注意宝宝的身体健康了。

病因分析

　　宝宝咳嗽，可由多种疾病引起。宝宝患上普通感冒、流行性感冒、支气管炎、肺炎、急性喉炎、百日咳、哮喘、反流性食管炎等疾病，都会出现咳嗽的症状。

　　有些吸入物也会引起宝宝阵发性咳嗽，如尘螨、动物毛或皮屑、花粉、真菌，以及某些化学物质。

　　婴幼儿容易对某些食物产生过敏反应，导致咳嗽的症状出现。容易引起宝宝过敏的食物有虾、蟹、鱼类、蛋类、乳品等。

　　此外，气候因素、精神因素等也有可能导致宝宝出现咳嗽症状。

预防措施

　　咳嗽的发生多由呼吸道疾病引起，因此预防呼吸道疾病是预防宝宝咳嗽的关键。保持室内空气的清新干净十分重要，家里要经常开窗通风，当家中有人患有呼吸道疾病时，要尽量减少宝宝与其接触的机会。当空气污染严重时，最好不要让宝宝待在室外，在家中也最好开启净化空气的设备，以防止空气中的污染物对宝宝的肺部造成伤害，进而引发咳嗽。增强宝宝

体质也很关键，宝宝多运动，可以强健体格，提高抗病能力。气候骤变时，要适时为宝宝增减衣物，以防过冷或过热引起宝宝身体不适而咳嗽。

护理治疗

　　宝宝咳嗽时，首先要做的是找出病因，若无法判断，应及时带宝宝去医院就诊。对症治疗的同时，还要对宝宝进行科学护理，才能保证宝宝痊愈。

　　当宝宝在冬天咳嗽时，保暖防风是很重要的，外出时要给宝宝戴上口罩，或用围巾包住宝宝的鼻子和嘴。因为冷空气会令咳嗽加剧，戴口罩或围巾是为了隔绝冷空气。

　　宝宝咳嗽的时候，调整室内空气湿度很有必要，适宜的湿度对宝宝的呼吸道黏膜有一定的保护作用。当室内太干燥时，妈妈应考虑用加湿器给室内加湿。

宝宝营养餐

山楂梨汁

材料：梨 1 个，山楂 10 个。

调料：白糖适量。

做法：

① 山楂去核洗净，放入碗中。

② 梨去皮、核后切成小块，与山楂一起榨成汁，倒入杯中。

③ 将白糖放入山楂梨汁中，搅拌均匀即可。

润肺双玉甜饮

材料：银耳、百合各 10 克。

调料：冰糖适量。

做法：

① 银耳用清水泡软，去蒂洗净，切碎；百合洗净切碎。

② 将银耳与百合一起放入锅内，加水煮 10 ~ 20 分钟，加冰糖调味即可。

大白菜葱白水

材料：大白菜根 1 块，葱白 1 段。

做法：

① 大白菜根、葱白均洗净，切片，倒入锅中加水煮沸。

② 捞出大白菜根和葱白，待汤水晾温后喂给宝宝喝。

妈妈喂养经

大白菜根可以清热、解毒、止咳；葱白能发汗通阳。

❀ 山药糊

材料：山药 250 克。

做法：

① 山药去皮，洗净，切小块。

② 山药块放入食品粉碎机中，加半碗水加工成稀糊状。

③ 山药糊倒入锅中，以小火慢煮，同时不停地搅动，煮沸即可，一碗山药糊可以分 2 ～ 3 次喂宝宝。

❀ 蒸梨羹

材料：梨 1 个，川贝母、陈皮各 2 克，糯米饭 15 克。

调料：冰糖 10 克。

做法：

① 将梨挖去梨心，川贝母研粉，陈皮切丝，糯米蒸熟，冰糖压成细末。

② 把冰糖、川贝母粉、糯米饭、陈皮丝装入梨内，加入适量清水，放入蒸杯内，上锅蒸 45 分钟即可。

❀ 秋梨奶羹

材料：秋梨 1 个，米粉 10 克。

调料：牛奶 200 毫升，白糖适量。

做法：

① 秋梨去皮、核并切小块，加少量水煮软，加入白糖调味。

② 在煮好的梨汁中兑入温热牛奶、米粉混合均匀即可。

宝宝湿疹

宝宝湿疹，又称特应性皮炎、遗传过敏性皮炎、异位性皮炎，这是一种慢性、复发性、炎症性皮肤病，一般于婴幼儿时期发病，并可迁延至儿童和成人期。在我国民间，宝宝湿疹，又称为奶癣、奶疮等，是比较常见的婴幼儿皮肤病。

宝宝出湿疹时，妈妈不必着急，除了病情较重的需要去医院治疗外，一般情况下只要在家精心护理，宝宝便可痊愈。

症状表现

湿疹最主要的症状是慢性反复性瘙痒，其特征是常在肘窝、腘窝等屈侧部位出现慢性复发性皮炎。

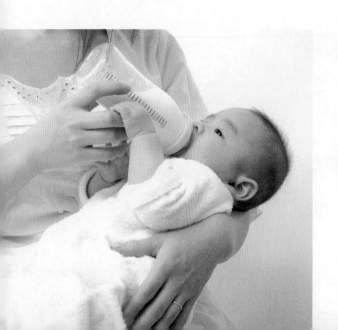

湿疹初发时，患处皮肤会出现红斑，其上会出现丘疹、丘疱疹、水疱，水疱破裂后会有液体渗出，之后会结痂。

湿疹严重时，患处会出现大片的红斑，上边也会出现丘疹、丘疱疹、水疱，表面会起厚痂，有时甚至能蔓延至整个头面部或颈部。湿疹多呈左右对称发生。

宝宝通常在出生后一两个月内发病，一般在2岁左右自动缓解。湿疹多发于每年10月至次年春夏季节。

病因分析

根据目前的研究表明，湿疹的发生主要与遗传因素、免疫因素、生物因素、环境因素有关，其中遗传因素占的比重最大。宝宝的亲属，尤其是妈妈和爸爸是过敏体质，宝宝就容易发生湿疹。

宝宝皮肤角质层比较薄，毛细血管网丰富且内皮含水比较多，因此对各种刺激因素比较敏感，像是湿热、干燥、冷、日光、微生物、药物、毛织品、粉尘、花粉等，都有可能刺激宝宝，使宝宝长湿疹；一些容易引起过敏的食物也会引发湿疹，比如鱼、虾、蛋等。

另外，体质比较弱、免疫力低下的宝宝也容易起湿疹。

护理治疗

尽量找出导致宝宝湿疹的过敏原，并保证宝宝远离这些东西，以防加重宝宝湿疹的症状或诱发湿疹。

如宝宝对鱼虾过敏的话，就一定避免给宝宝喂食这些食物；宝宝对动物皮毛过敏，家中就尽量不要养猫、狗等宠物；化纤、羊毛制品等都比较容易刺激皮肤，所以给宝宝尽量使用纯棉制的衣物和铺盖；清洗宝宝衣物最好使用婴幼儿专用清洁剂。

家中应该保持比较适宜的湿度和温度；室内要经常通风，保持空气的清洁；打扫卫生时不要扬尘；减少患病宝宝外出时间和次数，若必须外出，要确保不要让阳光直射宝宝的患处。

给宝宝洗澡的次数不宜过多；宝宝患有湿疹时，也要注意清洁宝宝的皮肤；洗澡时，应避免给宝宝使用碱性肥皂和过烫的热水；洗完澡后，要给宝宝涂抹婴幼儿专用的护肤乳液，以保持宝宝皮肤的湿润，防止瘙痒。

此外还要注意的是，宝宝患湿疹期间，不要乱给宝宝用药，疫苗的接种也要停止。

宝宝营养餐

米仁荸荠汤

材料：生米仁 5 克，荸荠 10 枚。

做法：

① 荸荠去皮洗净，切片。

② 将生米仁、荸荠片放入锅内，加入适量水煮成汤即可。

黄瓜芹菜汁

材料：黄瓜 400 克，芹菜 300 克。

调料：儿童蜂蜜适量。

做法：

① 黄瓜洗净，切块；芹菜去叶、根，洗净，切小段。

② 将黄瓜块、芹菜段放入榨汁机中榨汁。

③ 将榨好的汁过滤一下，放入适量儿童蜂蜜搅匀调味即可。

荷花粥

材料：初开荷花 5 朵，糯米 100 克。

调料：冰糖适量。

做法：

① 荷花、糯米均洗净，备用。

② 砂锅置火上，加适量水，放入糯米以大火煮沸后，转小火熬成粥。

③ 放入荷花、冰糖，煮沸后再煮 2 ~ 3 分钟即可。

红豆米仁汤

材料： 红豆、米仁各 30 克。

调料： 白糖适量。

做法：

① 分别取适量的红豆、米仁，洗净后放入锅内，加适量清水煮至熟烂。

② 在煮好的红豆米仁汤内加适量白糖拌匀即可。

绿豆百合汤

材料： 绿豆 30 克，百合 15 克。

调料： 冰糖少许。

做法：

① 绿豆、百合均洗净，用清水浸泡 1 小时。

② 锅置火上，加适量水，放入绿豆、百合，以大火煮沸后，改用小火煮至豆熟。

③ 豆熟后，加少许冰糖连渣带汤一起喂给宝宝吃。

绿豆海带汤

材料： 绿豆、海带丝、薏苡仁各 30 克，鱼腥草 15 克。

调料： 冰糖适量。

做法：

① 鱼腥草装入纱布袋。

② 将海带丝、鱼腥草与绿豆、薏苡仁一起放入锅中加水煎煮，待海带烂、绿豆开花时，取出鱼腥草。

③ 加入冰糖调味即可。

奶酪鲜奶汤

材料：鲜牛奶 1 杯。

调料：奶油、奶酪、咸饼干各适量，盐少许。

做法：

❶ 将鲜牛奶倒入小煲中，用小火煮至微沸，煮时不要盖上煲盖；将奶酪切碎。

❷ 放入切碎的奶酪及奶油煮溶化，调入一点点盐，盛入碗中，再将咸饼干弄碎放入奶酪鲜奶汤中即可。

豆浆南瓜汤

材料：豆浆 1 小碗，南瓜 250 克，干百合 30 克。

调料：儿童蜂蜜 15 克。

做法：

❶ 南瓜去皮，洗净，切块；干百合用水浸泡。

❷ 锅置火上，倒入适量清水，放入南瓜块和百合，以大火煮沸后，转小火炖至南瓜块熟软。

❸ 倒入豆浆煮沸，调入儿童蜂蜜搅匀即可。

薏苡仁红豆粥

材料：薏苡仁 30 克，红小豆 15 克。

调料：白糖适量。

做法：

❶ 薏苡仁、红小豆均洗净，用清水浸泡 1 小时。

❷ 锅置火上，加入适量水，放入薏苡仁、红小豆，以大火煮沸后，改用小火煮到豆烂，调入白糖即可。

宝宝水痘

水痘是一种由水痘 - 带状疱疹病毒初次感染引起的急性传染病。水痘在学龄前宝宝身上较多见，常以在托儿所、幼儿园等场所爆发群体性感染的形式出现。水痘为自限性疾病，病后可以获得终身免疫，但有时也会在患者痊愈多年后病毒再发而引起带状疱疹。

症状表现

水痘起病较急，初起时有直径两三厘米的红色皮疹出现在头皮、脸部、臀部、腹部等部位，半天时间便可遍布全身。

皮疹会在数小时内逐渐变为米粒至豌豆大小的瘙痒、透明的水疱，周围有明显的红晕，且伴有发热的现象。

水疱会在 3 ～ 4 日后逐渐变干，形成黑色的疮痂。

严重的患者，其皮肤上的红色皮疹、水疱、疮痂会混杂在一起，经 1 ～ 2 周时间，所有的水疱均会变成疮痂。

病因分析

水痘是由病毒初次感染引起的急性传染病，感染病毒后，患者不会立即发病，而需经历一个时长约 2 周的潜伏期。水痘具有很强的传染性，是通过患者打喷嚏、咳嗽时的飞沫或与患者接触来传播的。

护理治疗

宝宝出水痘，家长应遵医嘱在宝宝的患处涂抹药膏；要将宝宝的指甲剪短，以防宝宝抓痒；在宝宝痊愈之前，要隔离宝宝，以防将病传染给其他人。

宝宝出水痘时的饮食宜清淡些，最好以流食为主，此时不要给宝宝喂食温热、辛燥、油腻的食物，如姜、蒜、葱、韭菜、洋葱、荔枝、桂圆等。

在水疱变成疮痂之前，最好不要给宝宝洗澡。水疱破裂时很容易污染衣物被褥，这时要给宝宝勤换内衣、睡衣、床褥。

宝宝的衣物、各种用具要时时消毒，餐具可煮沸消毒 5 ~ 10 分钟，玩具、家具、地面可用肥皂水或碳酸氢钠水溶液（苏打水）擦洗消毒。

🥕 宝宝营养餐

绿豆汤

材料：绿豆 300 克，白糖适量。

做法：

① 绿豆洗净，以冷水浸泡约 30 分钟。

② 将绿豆放入锅中，先加适量水以中火煮约 10 分钟后，关火焖 10 分钟。

③ 再加入适量水，以中火煮约 15 分钟，加入白糖搅拌均匀即可。

西红柿蔬菜汁

材料：西红柿 2 个，芹菜 1 根，胡萝卜 20 克。

调料：盐、白糖各适量。

做法：

① 西红柿去蒂洗净，切块；芹菜去老筋，切段；胡萝卜去皮，洗净，切小片。

② 将西红柿块、芹菜段及胡萝卜片放入榨汁机中搅打成汁，加入盐、温开水和白糖搅拌均匀即可。

薏苡仁红豆茯苓粥

材料：薏苡仁 20 克，红豆、土茯苓各 30 克，大米 100 克。

调料：冰糖适量。

做法：

① 将薏苡仁、红豆、土茯苓、大米分别洗净后，放入锅内，加适量水煮成粥。

② 待粥熟豆烂时拌入适量冰糖，搅至冰糖溶化即可。

宝宝遗尿

宝宝遗尿，俗称尿床，是一种常见的幼儿疾病。医学上，宝宝遗尿是指 5 岁及以上宝宝在熟睡时不自主地排尿的一种疾病。

遗尿在 5 岁及以上的宝宝中的患病率非常高，据医学统计，约有 16% 的 5 岁幼儿患有此病，其中 2% ~ 3% 的患儿遗尿症状甚至会持续到成年。

症状表现

宝宝遗尿的症状有瞌睡沉沉，不易唤醒，爱说梦话；梦中遗尿；尿量多，尿液色清或色黄；白天易尿急、尿频，或有排尿困难的现象；平时手足心热，性情急躁，舌红苔黄等。

病因分析

宝宝遗尿可分为原发性和继发性两种。其中继发性遗尿是由尿路或神经系统器质性病变引起的；而原发性遗尿的病因则比较复杂，大体可以分为以下几种：

宝宝的神经发育不完全，大脑皮质发育延迟，宝宝脊髓的排尿中枢不能被抑制，导致排尿不受控制。

若是在宝宝的直系亲属中遗尿症发病率较高，宝宝也容易患上遗尿症。

某些心理因素也会导致宝宝患上遗尿症，如家长对宝宝比较冷淡，使宝宝认为自己不受喜爱，心理压力增大，这样也有可能诱发遗尿症。

护理治疗

对患有继发性遗尿症的宝宝，家长要做的就是及时带宝宝就医。若宝宝患有原发性遗尿症，家长可以通过调整宝宝的生活习惯及调节宝宝的日常饮食来护理和治疗。

养成良好的生活习惯，对宝宝遗尿症的康复很重要。家长要注意不要让宝宝在白天做过多剧烈运动或过度兴奋，以防宝宝夜间睡眠过深。白天时，可以让宝宝午休一两个小时；到了晚上，可以有规律地叫醒宝宝起床排尿一

两次。

宝宝尿床了，家长一定不要斥责和惩罚宝宝，而应安慰宝宝，减轻宝宝的精神压力，并鼓励和教育宝宝，帮助宝宝一起调整。

饮食上的一些问题，家长也要注意：

不要给宝宝吃多盐多糖的食物，因为多盐多糖食物易引发多饮多尿。

生冷食物会削弱宝宝的脾胃、肾脏功能，要少给宝宝食用。

晚间，不要让宝宝喝过多的水。

🌱 宝宝营养餐

❀ 韭菜粥

材料：大米、韭菜各 60 克。

调料：盐少许。

做法：

① 取新鲜韭菜，洗净后切细末。

② 将大米洗净，放入锅内，加入适量水，用小火煮成粥。

③ 待大米粥煮沸后，加入韭菜末、盐再煮一会儿即可。

❀ 薏苡仁黑豆浆

材料：黑豆 100 克，薏苡仁 50 克。

调料：白糖 2 小匙。

做法：

① 薏苡仁、黑豆洗净，浸泡 4 小时，洗净后沥干。

② 薏苡仁放入锅内，加适量水煮成米饭。

③ 将薏苡仁饭和黑豆放入榨汁机内，加入水搅打出生浆汁，再倒入锅中，加入白糖煮熟即可。

❀ 鸡肉粉丝蔬菜汤

材料：鸡肉末、粉丝、菠菜叶各 15 克，胡萝卜 10 克。

调料：高汤 240 毫升，水淀粉 1 小匙。

做法：

① 鸡肉末加入适量水及水淀粉拌匀；粉丝泡软，切小段；菠菜汆烫，切细末；胡萝卜切小丁。

② 高汤煮沸，加入胡萝卜丁、菠菜末、粉丝、鸡肉末煮软，淋水淀粉勾芡即可。

宝宝汗症

汗是人体新陈代谢物的一种，衣服穿得太多、被子盖得太厚、天气太热，或者进行了剧烈运动，吃了辛辣的食物等，都会出汗，这是正常的生理现象。而有一种出汗的现象是不正常的，这就是宝宝汗症。宝宝汗症是指在安静状态下，宝宝全身或局部出汗过多的一种病症，包括自汗和盗汗。自汗是指白天无故出汗，盗汗是指夜间睡眠出汗、醒后即停。宝宝出现汗症，妈妈们要重视。

症状表现

自汗： 没有任何刺激因素而自然出汗，出汗后有无力、疲乏等现象。

盗汗： 睡着时出汗，醒来后就停止，汗液停止时不觉得恶寒，反而感到烦热。

病因分析

中医理论认为，宝宝出现汗症，多和"气阴不足"有关，那些抵抗力差、体质虚弱以及久病、大病初愈的宝宝更容易患汗症。

而在西医临床医学中，宝宝的汗症有可能与其患有其他疾病有关，如宝宝有低血糖、甲状腺功能亢进等病症时，就容易表现出汗症的症状。此外，宝宝要是患有自主神经失调、代谢性疾病、中枢神经疾病，以及汗腺分泌异常等病症，也都会出现汗症的症状。

护理治疗

宝宝患上汗症，家长首先要带宝宝到医院进行检查，以确定病症的诱因，然后及早对症治疗。与此同时，还有一些护理治疗细节需要注意：平时不要给宝宝穿过多的衣物，比家长多穿一件便可，睡觉时也不要给宝宝盖得太厚；宝宝出汗后，要及时擦干宝宝的身体，换掉汗湿的衣物；宝宝出汗过多的话，要及时给宝宝补充水分，可以给宝宝喝点儿淡盐水，这样不仅能补充水分，还能保持宝宝体内电解质的平衡；平时视情况，可以给宝宝多吃些山药、红枣、莲子、银耳、鸭肉等滋阴补虚的食物，用以食疗。

🌱 宝宝营养餐

❀ 牛奶炖花生

材料： 花生 50 克，牛奶 500 毫升，枸杞子、银耳各 10 克，红枣 2 颗。

调料： 冰糖适量。

做法：

① 银耳去根洗净，掰朵；枸杞子洗净，泡软；花生洗净。

② 砂锅上火，放入牛奶、银耳、枸杞子、红枣、花生同煮；待银耳煮软、花生熟烂，加入冰糖煮化即可。

❀ 凉拌山药

材料： 山药 150 克，葱、薄荷各适量。

调料： 醋、凉拌酱油各适量，香油少许。

做法：

① 山药去皮，洗净，切薄片；葱洗净，切末。

② 将山药片放入沸水中汆烫一下后捞出，放入凉水中去除黏液，捞出山药片，放入盘中。

③ 将所有调料和葱末搅匀装盘，点缀上薄荷即可。

❀ 海带鸭肉汤

材料： 鸭脯肉 250 克，水发海带丝 100 克，姜片、葱段各适量。

调料： 高汤、盐、鸡精、料酒各适量。

做法：

① 将鸭脯肉抹盐和料酒腌渍 30 分钟后汆烫，沥干。

② 锅中放鸭脯肉、高汤，用大火煮沸，加海带丝、姜片和葱段，转小火煮至肉熟，加盐、鸡精调味即可。

宝宝手足口病

手足口病的发生多见于 5 岁以内的幼儿，这是一种由肠道病毒感染而引发的传染病。研究发现，引发手足口病的肠道病毒有 20 多种（型），其中最常见的是柯萨奇病毒 A16 型及肠道病毒 71 型。手足口病一年四季均可发生，夏季最为多见。目前，治疗手足口病还缺乏对症的特效药，所以家长应做好预防此病的工作。

症状表现

得病初，宝宝会出现咳嗽、流涕、烦恼及哭闹症状，多数不发热或有低热。发病 1 ~ 3 天后，宝宝口腔内、口唇内侧、舌、软腭、硬腭、脸颊、手足心、肘、膝、臀部等部位出现小米粒或绿豆大小、周围发红、不痒、不痛、不结痂、不结疤的灰白色小疱疹或红色丘疹。当口腔中的疱疹破溃后即出现溃疡，致使宝宝常流口水，不能吃东西。

手足口病多数能在一周内痊愈，预后良好，且疱疹和皮疹消退后不留痕迹，无色素沉着。

病因分析

手足口病由肠道病毒引起，它具有流行面广、传染性强、传播途径复杂等特点。其病毒可以通过唾液飞沫或被携带病毒的苍蝇叮爬过的食物，经鼻腔、口腔传染给健康的宝宝，也可以直接接触传染。

护理治疗

宝宝得了手足口病，除了要及时就医治疗外，下面这些家庭护理治疗要点家长们也要知道：患病宝宝用过的物品要彻底清洗消毒，不宜用消毒液消毒的物品可放在阳光下暴晒消毒；居室空气要保持清洁通畅，可每天用醋酸熏蒸进行居室空气消毒；宝宝口腔内的疱疹破溃后非常疼痛，所以要加强口腔的护理，饭前、饭后可用生理盐水漱口，月龄小的宝宝，可以用棉棒蘸生理盐水轻轻地为其清洁口腔；注意患病宝宝皮肤的清洁，防止感染；衣服、被褥要经常更换，并清洗干净；必要时把宝宝的指甲剪短，以防抓破发痒的疱疹。

宝宝营养餐

冬瓜双豆粥

材料： 新鲜带皮冬瓜 100 克，红小豆、绿豆各 20 克，大米 1 杯。

调料： 冰糖适量。

做法：

① 冬瓜洗净，去皮、瓤，切小块。

② 大米、绿豆和红小豆分别洗净，放入砂锅中，加入适量的清水，用大火将水煮开，之后调至小火煮到红小豆、绿豆开花为止。

③ 放入冬瓜块，将火稍微调大，将粥再一次煮开，加入适量的冰糖调味即可。

玉米蔬菜汤

材料： 玉米、白萝卜各 100 克，胡萝卜、黑木耳各 30 克，油菜、姜片各适量。

调料： 香油、盐各少许。

做法：

① 玉米洗净切段；白萝卜、胡萝卜分别洗净，切块；黑木耳去根洗净，撕小朵；油菜洗净。

② 锅加水煮沸，放入姜片、白萝卜块、胡萝卜块、玉米块、黑木耳片煮 20 分钟。

③ 再放入油菜和香油、盐煮入味即可。

宝宝扁桃体炎

扁桃体是淋巴器官，位于消化道和呼吸道的交会处，有防止病毒和细菌从口鼻部深入身体内部的作用。扁桃体在宝宝机体抵抗力低的时候会感染细菌或病毒，引起炎症，进而使宝宝出现发热、咳嗽等症状。扁桃体炎是婴幼儿多发病，如治疗不及时或不彻底常会反复发作。

症状表现

急性扁桃体炎：症状较明显，起病急，宝宝有低热或高热，咽痛，伴有恶寒、乏力、头痛、全身痛、食欲不振、恶心和呕吐等症状。扁桃体部位有明显的充血和肿大，小窝口处有黄白色脓点状的渗出物，黏膜处也可见黄白色的脓状隆起。

慢性扁桃体炎：多无明显自觉症状，偶尔表现为咽干、发痒、有异物感等，反复发作，可能会有急性发病史。颈部下的淋巴结会经常性肿大，可以摸到球结状的硬块，肿胀情况可

能会持续数周。

病因分析

　　扁桃体炎的病原菌主要是链球菌和葡萄球菌，它们可通过飞沫、食物或直接接触而传染。而与成年人相比，婴幼儿鼻腔及咽部相对狭小，位置较垂直，且鼻咽部有丰富的淋巴组织，很容易被感染。当宝宝身体的抵抗力降低时，病原菌就很容易乘虚而入，令宝宝患病。

　　营养不良、消化功能弱、患有佝偻病、缺乏锻炼而体质较弱、过敏体质的宝宝是扁桃体炎的易感人群。此外，寒冷或湿热天气、疲劳过度等都是扁桃体炎的诱发因素。

护理治疗

　　对于一般的扁桃体炎，医生会予以消炎或抗病毒治疗，但若病情严重或反复发作，医生可能会采取手术切除扁桃体。如果宝宝做了切除手术，术后家长应注意宝宝的日常饮食，冷食可以促进血管收缩，有一定预防术后出血的作用，家长可以在医生的指导下给宝宝吃些冷食。术后1～2周尽量给宝宝吃流质或半流质食物，还要让宝宝多喝些水。

　　宝宝患病发热期间，要给宝宝多补充水分，用淡盐水给宝宝漱口可以缓解炎症；若宝宝高热不退，最好用物理降温法给宝宝降温。一定要保持宝宝居室的清洁及空气流通，温度、湿度也要适宜。此外，要注意让宝宝多休息。

🥕 宝宝营养餐

✿ 胖大海蜂蜜茶

材料： 胖大海 2 枚。

调料： 儿童蜂蜜适量。

做法：

① 将胖大海与儿童蜂蜜同放入杯中混合均匀。

② 杯中加入适量沸水，盖盖后浸泡 10 分钟，待汁液滤清后给宝宝饮用即可。

✿ 枸杞冬菜粥

材料： 枸杞子 20 克，冬菜 50 克，大米 100 克。

调料： 白糖适量。

做法：

① 大米洗净，放入锅内煮成稀粥。

② 锅内放入冬菜、枸杞子，再煮 10 分钟，最后撒上白糖调味即可。

✿ 雪菜炖豆腐

材料： 豆腐小块 150 克，猪瘦肉、雪里蕻碎末各 25 克，葱末、姜末各少许。

调料： 盐少许。

做法：

① 猪瘦肉洗净，氽烫剁泥；豆腐小块用油略煎。

② 油锅烧热后，放入肉泥、葱、姜煸炒，接着放豆腐、雪里蕻以及适量水，调入少许盐，炖烂即可。

宝宝佝偻病

在婴幼儿中最常见的佝偻病类型是维生素D缺乏性佝偻病，俗称软骨病，是一种慢性营养缺乏症。佝偻病最常见于6个月～2岁的婴幼儿。在这一阶段，宝宝的生长发育快，对维生素D及钙、磷需求多，故更易患佝偻病。佝偻病发病缓慢，不易引起重视，但这种病会导致比较严重的后果，能使宝宝抵抗力降低，影响宝宝的生长发育。

症状表现

患佝偻病的宝宝多性情不安稳、精神不安宁，睡觉时爱哭闹；多汗，头发稀，食欲不振；骨骼脆软，牙齿生长迟缓；囟门闭合晚，额骨突出；腿骨畸形，出现膝内翻或膝外翻，行走

缓慢无力；各部位关节增大，胸骨突出呈鸡胸样，脊椎弯曲；肌肉松弛，肌力减弱。

病因分析

若准妈妈在怀孕期间没有获得足够的维生素D，同时伴有钙缺乏，会导致胎儿体内这两种营养物质供应不足，进一步造成钙磷代谢紊乱、骨形成障碍和骨样组织钙化不良等病理变化，最终导致新生儿易发佝偻病。

钙的吸收需要活性维生素D的参与，单纯补钙的吸收率很低。骨骼的主要成分是钙和磷，长期磷不足会影响骨骼的发育，出现畸形。食物中钙、磷含量少或比例不合适，也会造成钙、磷吸收不足。维生素D、磷摄入不足，均可引发佝偻病。

某些药物会影响维生素D的吸收，如患癫

痫的宝宝服用苯妥英钠、苯巴比妥等药物，都会影响维生素 D 的吸收，所以在服用此类药物时必须及时给宝宝补充维生素 D。体弱多病，经常腹泻、呼吸道感染等也会影响宝宝对钙及维生素 D 的吸收，造成佝偻病。

护理治疗

对哺乳期宝宝，尤其是患有佝偻病的哺乳期宝宝，最好坚持母乳喂养。因为母乳中钙、磷比例适宜。但是由于母乳中维生素 D 含量不足，妈妈最好给宝宝及早补充维生素 D。

日光中的紫外线作用于人体，能使人体产生维生素 D，因此妈妈要多带宝宝去户外晒太阳。不过要注意的是，在夏季，应避免让日光直晒宝宝，可以带宝宝到有日光洒落的树荫下，这样不但能让宝宝晒到太阳，也能避免日光过强而晒坏宝宝。

患佝偻病的宝宝体质虚弱，妈妈要注意随气温变化为宝宝增减衣物；不要让宝宝做过于剧烈的运动，以免宝宝因跌撞而骨折。

宝宝营养餐

虾皮豆腐煲

材料：虾皮 30 克，豆腐 100 克，绿菜叶适量。

调料：盐、香油各少许。

做法：

① 虾皮洗净；豆腐用沸水汆烫，捞起后切成小块。

② 虾皮入锅，加适量水煮沸，再将豆腐块入锅，煮约 10 分钟。

③ 放绿菜叶、少许盐和香油拌匀即可。

猕猴桃炒虾球

材料：虾仁 300 克，鸡蛋 1 个，猕猴桃丁 100 克，胡萝卜丁 20 克。

调料：盐、淀粉各适量。

做法：

① 虾仁去虾线，加少许盐、蛋清、淀粉拌匀上浆。

② 锅加油烧热，滑入虾仁炒熟，然后加入其余材料炒熟，加盐调味即可。

小米蛋奶粥

材料：牛奶 300 毫升，小米 100 克，鸡蛋 1 个。

调料：白糖适量。

做法：

① 小米淘洗干净，用冷水浸泡片刻。

② 锅置火上，加水，放入小米，用大火煮至小米胀开。

③ 加入牛奶，继续煮，至米粒松软烂熟。

④ 鸡蛋打散，淋入奶粥中，加入白糖熬化即可。